普通高校

新世纪 应用型人才培养试用教材

复变函数与积分变换

FUBIAN HANSHU YU JIFEN BIANHUAN

主　编　杨　蕾　汪秋分　黄书伟

副主编　陈　南　李东征　高　萍

李西振　崔海建

主　审　谢志春

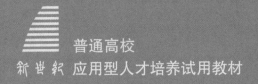

大连理工大学出版社

图书在版编目(CIP)数据

复变函数与积分变换 / 杨蕾，汪秋分，黄书伟主编
. -- 大连 ：大连理工大学出版社，2020.7(2024.7 重印)
普通高校应用型人才培养试用教材
ISBN 978-7-5685-2565-7

Ⅰ. ①复… Ⅱ. ①杨… ②汪… ③黄… Ⅲ. ①复变函数－高等学校－教材②积分变换－高等学校－教材 Ⅳ. ①O174.5②O177.6

中国版本图书馆 CIP 数据核字(2020)第 098530 号

大连理工大学出版社出版
地址:大连市软件园路 80 号　邮政编码:116023
发行:0411-84708842　邮购:0411-84708943　传真:0411-84701466
E-mail:dutp@dutp.cn　URL:https://www.dutp.cn
辽宁星海彩色印刷有限公司印刷　大连理工大学出版社发行

幅面尺寸:170mm×240mm　印张:10　字数:185 千字
2020 年 7 月第 1 版　2024 年 7 月第 4 次印刷

责任编辑:孙兴乐　责任校对:齐　欣
封面设计:对岸书影

ISBN 978-7-5685-2565-7　定　价:30.80 元

本书如有印装质量问题,请与我社发行部联系更换。

前言

“复变函数与积分变换”是高等数学在复数域的推广，它的先修课程是“高等数学”和“线性代数”。高等数学中的重要概念，如导数、积分、级数、微分方程等，在本课程中都有相应的定义，但又显示出新的特点及运算方法。打好高等数学基础是学好本课程的前提。

本课程又是一门重要的基础课，它的后续课程是电子、电气等专业的相关专业课程。它与电子技术、自动控制等课程有密切的联系，是解决诸如电磁学、热学、振动学、弹性理论、频谱分析的有力工具。

复变函数是研究复自变量、复值函数的分析过程，积分变换是通过积分运算，把一个函数变成另一个更为简单且易于处理的函数。本课程能够帮助学生理解和掌握复分析与积分变换理论的基础知识，提高学生在函数论方面的理论水平和综合应用能力。通过对本教材的学习，学生可初步掌握复变函数与积分变换的基本理论和方法，为学习工程力学、电工学、电磁学、振动力学、电子技术等课程奠定必要的基础。

本教材共 8 章，内容包括：复数与复变函数、解析函数、复变函数的积分、解析函数的级数表示、留数及其应用、共形映射、傅立叶变换、拉普拉斯变换。

本教材具有如下特点：一是注重复变函数与微积分的联系和区别，既强调二者之间的联系，也注意复变函数本身的特点；二是实用性，考虑到主要面向工科类读者，对于教材中的某些定理和结论并没有给出严格的证明，而是通过更通俗的方式进行讲解，目的是让读者能够快速理解其核心思想、正确掌握相关方法；三是教材中每节后面都配有适量的习题，以满足不同专业、不同层次读者的学习需求。

本教材由厦门工学院杨蕾、汪秋分、黄书伟任主编;厦门工学院陈南,厦门医学院李东征,厦门工学院高萍、李西振,南昌工学院崔海建任副主编。具体编写分工如下:陈南编写第1章,汪秋分、崔海建共同编写第2章、第3章,杨蕾编写第4章、第5章,李东征、李西振共同编写第6章,黄书伟编写第7章,高萍编写第8章。全书由杨蕾统稿并定稿。厦门工学院谢志春审阅了本教材并提出了宝贵意见,以致谢忱。

在编写本教材的过程中,编者参考、引用和改编了国内外出版物中的相关资料以及网络资源,在此表示深深的谢意!相关著作权人看到本教材后,请与出版社联系,出版社将按照相关法律的规定支付稿酬。

限于水平,书中仍有疏漏和不妥之处,敬请专家和读者批评指正,以使教材日臻完善。

编　者

2020年6月

所有意见和建议请发往:dutpbk@163.com

欢迎访问高教数字化服务平台:https://www.dutp.cn/hep/

联系电话:0411-84708462　84708445

目录

第 1 章 复数与复变函数

复变函数是以复数为自变量的函数，它是本课程的研究对象.在这一章，我们将讨论复数的基本概念、复数的四则运算、复数的三角表示、平面点集的一般概念及其复数表示，以及复变量连续函数，为进一步学习解析函数的理论与方法奠定必要的基础.

1.1 复 数

1.1.1 复数的基本概念

一元二次方程 $x^2+1=0$ 没有实数解，为了使该方程有解，人们引入了一个新的数 i，称之为虚数，并规定 $i^2=-1$，从而 i 就是该方程的一个根.

定义 1-1 对任意两实数 x、y 称 $z=x+iy$ 为**复数**，称 x、y 分别为复数 z 的**实部**和**虚部**，记为 $x=\mathrm{Re}z$，$y=\mathrm{Im}z$.例：$z=\sqrt{2}+i$，则 $\mathrm{Re}z=\sqrt{2}$，$\mathrm{Im}z=1$.

特别地，若 $x\neq 0$、$y=0$，称 $z=x$ 为实数；若 $x=0$、$y\neq 0$，称 $z=iy$ 为**纯虚数**.

设 $z_1=x_1+iy_1$ 与 $z_2=x_2+iy_2$ 是两个复数.如果 $x_1=x_2$、$y_1=y_2$，则称 z_1 与 z_2 相等.

注意 一般地，任意两个复数之间不能比较大小.

若 $z=x+iy$ 是一个复数，称 $\bar{z}=x-iy$ 为 z 的**共轭复数**.

1.1.2 复数的四则运算

设 $z_1=x_1+iy_1$ 与 $z_2=x_2+iy_2$ 是两个复数，定义复数的和、差、积、商为

$$z_1 \pm z_2 = (x_1 + iy_1) \pm (x_2 + iy_2) = (x_1 \pm x_2) + i(y_1 \pm y_2);$$

$$z_1 \cdot z_2 = (x_1 + iy_1) \cdot (x_2 + iy_2) = (x_1x_2 - y_1y_2) + i(x_2y_1 + x_1y_2);$$

$$\frac{z_1}{z_2} = \frac{x_1 + iy_1}{x_2 + iy_2} = \frac{(x_1 + iy_1)(x_2 - iy_2)}{(x_2 + iy_2)(x_2 - iy_2)} = \frac{x_1x_2 + y_1y_2}{x_2^2 + y_2^2} + i\,\frac{x_2y_1 - x_1y_2}{x_2^2 + y_2^2}(z_2 \neq 0); \tag{1-1}$$

因为 $z_2 \cdot \overline{z_2} = x_2^2 + y_2^2$，$z_1 \cdot \overline{z_2} = x_1x_2 + y_1y_2 + i(x_2y_1 - x_1y_2)$，从而式(1-1)可写成为$\frac{z_1}{z_2} = \frac{z_1\,\overline{z_2}}{z_2\,\overline{z_2}}$.

【例 1-1】 计算$(2-\sqrt{3}i)^2$.

解 $(2-\sqrt{3}i)^2 = 4 - 4\sqrt{3}i + 3i^2 = 1 - 4\sqrt{3}i$.

【例 1-2】 计算$\frac{3-2i}{2+3i}$.

解 $\frac{3-2i}{2+3i} = \frac{(3-2i)(2-3i)}{(2+3i)(2-3i)} = \frac{(6-6)+i(-4-9)}{2^2+3^2} = -i$.

上面定义的四则运算满足下列运算规律：

复数的加法满足交换律和结合律；复数的乘法满足交换律和结合律；乘法对加法满足分配律.

(1)加法的交换律 $z_1 + z_2 = z_2 + z_1$；

(2)加法的结合律$(z_1 + z_2) + z_3 = z_1 + (z_2 + z_3)$；

(3)乘法的交换律 $z_1z_2 = z_2z_1$；

(4)乘法的结合律 $z_1(z_2z_3) = (z_1z_2)z_3$；

(5)乘法对加法的分配律 $z_1(z_2 + z_3) = z_1z_2 + z_1z_3$.

接下来介绍共轭复数的几个运算性质：

(1)$\overline{z_1 \pm z_2} = \overline{z_1} \pm \overline{z_2}$，$\overline{z_1z_2} = \overline{z_1} \cdot \overline{z_2}$，$\overline{\left(\frac{z_1}{z_2}\right)} = \frac{\overline{z_1}}{\overline{z_2}}(z_2 \neq 0)$；

(2)$\overline{\overline{z}} = z$；

(3)$z \cdot \overline{z} = (\mathrm{Re}z)^2 + (\mathrm{Im}z)^2 = x^2 + y^2$；

(4)$z + \overline{z} = 2\mathrm{Re}(z)$，$z - \overline{z} = 2i\mathrm{Im}(z)$.

【例 1-3】 设 $z_1 = 5 - 5i$，$z_2 = -3 + 4i$，求$\frac{z_1}{z_2}$，$\overline{\left(\frac{z_1}{z_2}\right)}$.

解 $\frac{z_1}{z_2} = \frac{5-5i}{-3+4i} = \frac{(5-5i)(-3-4i)}{(-3+4i)(-3-4i)} = \frac{7+i}{-5}$；$\overline{\left(\frac{z_1}{z_2}\right)} = \frac{7-i}{-5}$.

习题 1-1

1.计算下列各式.

(1) $(1+i)-(3-2i)$；　　(2) $(a-bi)^3$；

(3) $\dfrac{i}{(i-1)(i-2)}$；　　(4) $\dfrac{z-1}{z+1}(z=x+iy\neq-1)$.

2.证明下列关于共轭复数的运算性质：

(1) $\overline{z_1\pm z_2}=\overline{z_1}\pm\overline{z_2}$；　(2) $\overline{z_1\cdot z_2}=\overline{z_1}\cdot\overline{z_2}$；　(3) $\overline{\left(\dfrac{z_1}{z_2}\right)}=\dfrac{\overline{z_1}}{\overline{z_2}}(z_2\neq0)$.

1.2 复数的几种表示

1.2.1 复数与复平面

实数与数轴上的点一一对应，而复数 $z=x+iy$ 与有序实数对 (x,y) 一一对应，因此复数与平面上的点可以建立一一对应关系.给定平面直角坐标系，O 为坐标原点，x 轴为横轴，y 轴为纵轴，则复数 $z=x+iy$ 与平面上坐标为 (x,y) 的点一一对应.此时，称 x 轴为**实轴**，称 y 轴为**虚轴**，把实轴和虚轴决定的平面称为**复平面**或 **z 平面**.

1.2.2 复数的模与辐角

复数还可以用平面向量来表示，如图 1-1 所示.

任一复数 $z=x+iy$，可以看作以 x 为水平分量，以 y 为垂直分量的平面向量 $\overrightarrow{OP}$；同样，复数 $z=x+iy$ 的实部 x 和虚部也可以看作平面向量 $\overrightarrow{OP}$ 在两坐标轴上的投影.

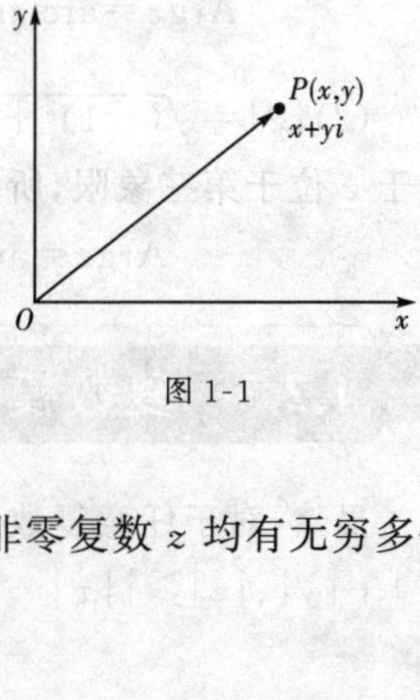

图 1-1

向量 $\overrightarrow{OP}$ 的长度称为复数 z 的**模**，记为 $|z|$.

$$r=|z|=\sqrt{x^2+y^2}\geqslant0$$

向量 $\overrightarrow{OP}$ 与实轴正向的夹角 θ 称为复数 z 的**辐角**(Argument)，记为 $\theta=\text{Arg}z$.显然，$\tan\theta=\dfrac{y}{x}$.由于任一非零复数 z 均有无穷多个

辐角，彼此相差 $2k\pi(k=0,\pm1,\pm2,\cdots)$，通常称 $(-\pi,\pi]$ 间的辐角为主辐角，记作 $\arg z$.这样，任何一个辐角都可以写成

$$\mathrm{Arg}z=\arg z+2k\pi,k=0,\pm1,\pm2,\cdots$$

当复数位于不同象限或坐标轴上时，辐角主值 $\arg z$ 和 $\arctan\dfrac{y}{x}$ 有如下关系：

$$\arg z=\begin{cases}\arctan\dfrac{y}{x}, & x>0,y\text{ 为任意实数}\\ \dfrac{\pi}{2}, & x=0,y>0\\ \arctan\dfrac{y}{x}+\pi, & x<0,y\geqslant0\\ \arctan\dfrac{y}{x}-\pi, & x<0,y<0\\ -\dfrac{\pi}{2}, & x=0,y<0\end{cases}.$$

其中，$-\dfrac{\pi}{2}<\arctan\dfrac{y}{x}<\dfrac{\pi}{2}$.

注意 当 $z=0$ 时，其模为零，其辐角不确定.以后凡涉及复数的辐角都是就非零复数而言的.

【例 1-4】 求下列复数的模与辐角.

(1)$z=1+i$；　　(2)$z=-1-3i$.

解 (1)$|z|=\sqrt{1^2+1^2}=\sqrt{2}$.

由于 z 位于第一象限，所以

$$\mathrm{Arg}z=\arctan1+2k\pi=\frac{\pi}{4}+2k\pi\quad(k=0,\pm1,\pm2,\cdots);$$

(2)$|z|=\sqrt{(-1)^2+(-3)^2}=\sqrt{10}$

由于 z 位于第三象限，所以

$$\mathrm{Arg}z=\arctan3-\pi+2k\pi\quad(k=0,\pm1,\pm2,\cdots).$$

1.2.3 复数模的三角不等式

显然，对于任意复数 $z=x+iy$，均有不等式 $|x|\leqslant|z|$、$|y|\leqslant|z|$、$|z|\leqslant|x|+|y|$、$|z|\geqslant||x|-|y||$.由于复数可以看作平面向量，所以对任意两个复

数 z_1 与 z_2，它们的和、差运算也可以在复平面上按照平行四边形法则或三角形法则来表示(图 1-2)，另外，$|z_1-z_2|$ 就是复平面上点 $z=z_1$ 与 $z=z_2$ 之间的距离(图 1-3).根据三角形两边之和大于第三边长，两边之差小于第三边长的法则，可以得到关于复数模的三角不等式

$$||z_1|-|z_2||\leqslant|z_1-z_2|\leqslant|z_1|+|z_2|$$

类似不等式有

$$||z_1|-|z_2||\leqslant|z_1+z_2|\leqslant|z_1|+|z_2|$$

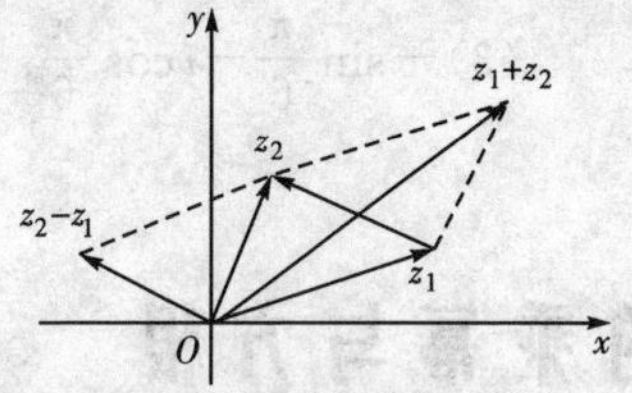

图 1-2

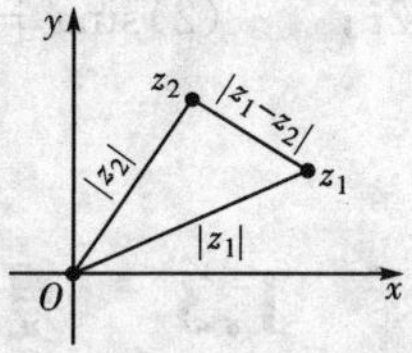

图 1-3

1.2.4 复数的三角表示和指数表示

从直角坐标与极坐标的关系 $x=r\cos\theta$、$y=r\sin\theta$，我们还可以用复数的模与辐角来表示非零复数 z，即有

$$z=r(\cos\theta+i\sin\theta)$$

上式称为复数的**三角表示式**.

再应用欧拉公式 $e^{i\theta}=\cos\theta+i\sin\theta$，复数 z 可以进一步表示为

$$z=re^{i\theta}$$

上式称为复数的**指数表示式**.

一个复数的三角表示式与指数表示式不是唯一的，因为辐角有无穷多种选择.但习惯上，一般取为主辐角.

【例 1-5】 写出复数 $z=-\sqrt{12}+2i$ 的三角表示式与指数表示式.

解 $r=|z|=\sqrt{12+4}=4$，

$$\theta=\arg z=\arctan\left(\frac{2}{-\sqrt{12}}\right)+\pi=-\arctan\frac{1}{\sqrt{3}}+\pi=-\frac{\pi}{6}+\pi=\frac{5\pi}{6},$$

则 z 的三角表示式为

$$z=4\left(\cos\frac{5\pi}{6}+i\sin\frac{5\pi}{6}\right)$$

z 的指数表示式为

$$z=4e^{\frac{5\pi}{6}i}.$$

习题 1-2

1.解方程组$\begin{cases}2z_1-z_2=i\\(1+i)z_1+iz_2=4-3i\end{cases}$.

2.求下列复数的模与辐角主值.

(1)$\sqrt{3}+i$；　(2)$-1-i$；　(3)$2-i$；　(4)$-1+3i$.

3.将下列各复数写成三角表示式与指数表示式.

(1)$-3+2i$；　(2)$\sin\alpha+i\cos\alpha$；　(3)$-\sin\frac{\pi}{6}-i\cos\frac{\pi}{6}$.

1.3 复数的乘幂与方根

1.3.1 复数的乘除法

定理 1-1 两个复数乘积的模等于它们的模相乘，即$|z_1\cdot z_2|=|z_1||z_2|$；两个复数乘积的辐角等于它们的辐角相加，即

$$\mathrm{Arg}(z_1\cdot z_2)=\mathrm{Arg}z_1+\mathrm{Arg}z_2.$$

证明 设$z_1=r_1(\cos\theta_1+i\sin\theta_1)$，$z_2=r_2(\cos\theta_2+i\sin\theta_2)$，这里$r_j=|z_j|$，$\theta_j$是$z_j$的某一个辐角$(j=1,2)$

$$\begin{aligned}z_1\cdot z_2&=r_1r_2[(\cos\theta_1\cos\theta_2-\sin\theta_1\sin\theta_2)+i(\cos\theta_1\sin\theta_2+\sin\theta_1\cos\theta_2)]\\&=r_1r_2[\cos(\theta_1+\theta_2)+i\sin(\theta_1+\theta_2)]\end{aligned}$$

所以

$$|z_1z_2|=r_1r_2,\mathrm{Arg}(z_1\cdot z_2)=\theta_1+\theta_2+2k\pi=\mathrm{Arg}z_1+\mathrm{Arg}z_2.$$

复数乘法的几何意义：乘积$z_1\cdot z_2$所表示的向量可以将z_1所表示的向量按逆时针旋转一个角度$\mathrm{Arg}z_2$，再将其伸缩到$|z_2|$倍(图 1-4(a)).

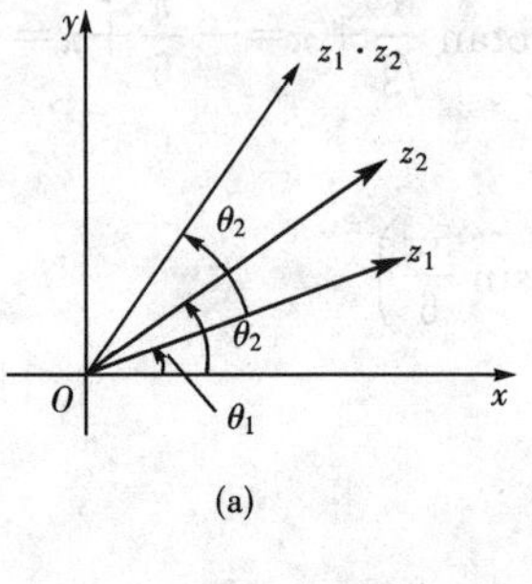

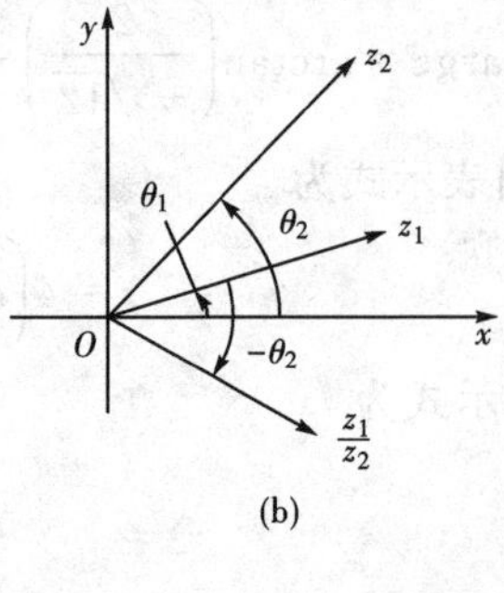

图 1-4

定理 1-2 两个复数商的模等于它们的模的商，即 $\left|\frac{z_1}{z_2}\right|=\frac{|z_1|}{|z_2|}$；两个复数商的辐角等于被除数与除数的辐角之差（可相差 2π 的整数倍），即

$$\operatorname{Arg}\left(\frac{z_1}{z_2}\right)=\operatorname{Arg}z_1-\operatorname{Arg}z_2.$$

由此，除法也有其几何意义.(图 1-4(b))

如果用指数形式表示复数

$$z_1=r_1\mathrm{e}^{i\theta_1},z_2=r_2\mathrm{e}^{i\theta_2}$$

则由定理 1-1、定理 1-2 可得

$$z_1z_2=r_1r_2\mathrm{e}^{i(\theta_1+\theta_2)}$$

$$\frac{z_1}{z_2}=\frac{r_1}{r_2}\mathrm{e}^{i(\theta_1-\theta_2)}\ (r_2\neq 0).$$

【例 1-6】 计算 $(1+\sqrt{3}i)(-\sqrt{3}-i)$.

解 因为

$$1+\sqrt{3}i=2\left(\cos\frac{\pi}{3}+i\sin\frac{\pi}{3}\right),$$

$$-\sqrt{3}-i=2\left[\cos\left(-\frac{5\pi}{6}\right)+i\sin\left(-\frac{5\pi}{6}\right)\right]$$

所以

$$(1+\sqrt{3}i)(-\sqrt{3}-i)=4\left[\cos\left(-\frac{\pi}{2}\right)+i\sin\left(-\frac{\pi}{2}\right)\right]=-4i.$$

【例 1-7】 计算 $(2+i)/(1-2i)$.

解 因为

$$2+i=\sqrt{5}\left(\cos\arctan\frac{1}{2}+i\sin\arctan\frac{1}{2}\right),$$

$$1-2i=\sqrt{5}[\cos\arctan(-2)+i\sin\arctan(-2)]$$

所以

$$(2+i)/(1-2i)=\cos\left[\arctan\frac{1}{2}-\arctan(-2)\right]+i\sin\left[\arctan\frac{1}{2}-\arctan(-2)\right]$$

$$=\cos\frac{\pi}{2}+i\sin\frac{\pi}{2}=i.$$

1.3.2 复数的乘方与开方

n 个复数 z 的乘积，称为 z 的 n 次幂，记作 z^n.设 $z=r(\cos\theta+i\sin\theta)$，根据

复数的乘法法则，可以得到

$$z^n=[r(\cos\theta+i\sin\theta)]^n=r^n(\cos n\theta+i\sin n\theta) \quad (1\text{-}2)$$

特别地，当 $r=1$ 时，$z^n=\cos n\theta+i\sin n\theta$，则有

$$(\cos\theta+i\sin\theta)^n=\cos n\theta+i\sin n\theta$$

上式称为**棣莫弗(De Moivre)公式**.

而复数的开方是乘方的逆运算，如果有 $w^n=z$，则称 w 为 z 的 n 次方根，记作 $w=z^{\frac{1}{n}}$.

问题：给定复数 $z=r(\cos\theta+i\sin\theta)$，求所有满足 $w^n=z$ 的复数 w.

解 设 $w=\rho(\cos\varphi+i\sin\varphi)$，则有

$$[\rho(\cos\varphi+i\sin\varphi)]^n=r(\cos\theta+i\sin\theta)$$

得到

$$\rho^n=r, n\varphi=\theta+2k\pi \quad (k\text{ 为任意整数})$$

由此解出

$$\rho=r^{\frac{1}{n}}, \varphi=\frac{1}{n}(\theta+2k\pi)$$

故得

$$w=r^{\frac{1}{n}}\left[\cos\left(\frac{1}{n}(\theta+2k\pi)\right)+i\sin\left(\frac{1}{n}(\theta+2k\pi)\right)\right] \quad (1\text{-}3)$$

其中 k 可取任意整数.当取 $k=0,1,2,\cdots,n-1$ 时，可得 w 的 n 个不同的值.当取 $k=n,n+1,\cdots$,时，这些值又重复出现.上式也可写成

$$w=|z|^{\frac{1}{n}}\left[\cos\left(\frac{1}{n}(\arg z+2k\pi)\right)+i\sin\left(\frac{1}{n}(\arg z+2k\pi)\right)\right], \quad k=0,1,2,\cdots,n-1$$

几何上，$z^{\frac{1}{n}}$ 的 n 个值是以原点为中心，$|z|^{\frac{1}{n}}$ 为半径的圆的内接正 n 边形的 n 个顶点.它们同原点的距离是 $|z|^{\frac{1}{n}}$，其中一个点的辐角是 $\frac{1}{n}\arg z$（图 1-5）.

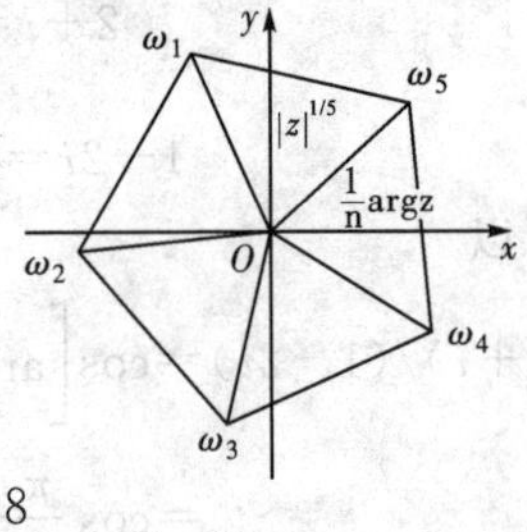

图 1-5

【例 1-8】 计算 $(1+\sqrt{3}i)^3$.

解 由式(1-2)得

$$(1+\sqrt{3}i)^3=\left[2\left(\cos\frac{\pi}{3}+i\sin\frac{\pi}{3}\right)\right]^3=8(\cos\pi+i\sin\pi)=-8$$

【例 1-9】 求解方程 $z^3-2=0$.

解 方程 $z^3-2=0$，即 $z^3=2$，它的解就是

$$z=2^{\frac{1}{3}}$$

故用式(1-3)计算得

$$z=[2(\cos 0+i\sin 0)]^{\frac{1}{3}}=\sqrt[3]{2}\left(\cos\frac{2k\pi}{3}+i\sin\frac{2k\pi}{3}\right),\quad k=0,1,2,$$

所以方程 $z^3-2=0$ 有三个解，它们是

$$\sqrt[3]{2},\sqrt[3]{2}\left(-\frac{1}{2}+\frac{\sqrt{3}}{2}i\right),\sqrt[3]{2}\left(-\frac{1}{2}-\frac{\sqrt{3}}{2}i\right).$$

习题 1-3

1.计算下列各式

(1)$(1+i)(1-i)$；　　(2)$(-2+3i)/(3+2i)$；

(3)$\left(\frac{1-\sqrt{3}i}{2}\right)^3$；　　(4)$\sqrt[4]{-2+2i}$.

2.解方程：$z^3+1=0$.

1.4　平面点集的一般概念

1.4.1　平面点集

(1)邻域

满足不等式 $|z-z_0|<\delta$ 的所有点 z 组成的平面点集(以下简称点集)称为点 z_0 的 δ **邻域**，记为 $N_\delta(z_0)$.显然，$N_\delta(z_0)$ 即表示以 z_0 为中心，以 δ 为半径的圆的内部.而由满足不等式 $0<|z-z_0|<\delta$ 的所有点 z 组成的平面点集称为 z_0 的**去心邻域**.

(2)内点、边界点

设 G 为平面上的一平面点集，z_0 为 G 内任意一点，如果存在 z_0 的一个邻域，该邻域内的所有点都属于 G，则称 z_0 为 G 的**内点**.

平面上不属于 G 的点的全体称为 G 的**余集**，记作 G^C.

如果 z_0 的任一邻域内既有 G 的点又有 G^C 的点，则称 z_0 是 G 的一个**边界点**.G 的边界点的全体称为 G 的**边界**.

(3)开集与闭集

如果 G 内的每个点都是它的内点，那么称 G 为**开集**；

开集的余集称为**闭集**.

(4)有界集与无界集

如果存在一个以点 $z=0$ 为中心的圆盘包含 G,则称 G 为**有界集**,否则称为**无界集**.

1.4.2 区域与曲线

如果 D 中任意两点均可用全在 D 中的折线连接起来.称平面点集 D 为**连通的**.平面上的连通开集称为**区域**(图 1-6).

区域 D 与它的边界一起构成**闭区域**或**闭域**,记作 $\overline{D}$.

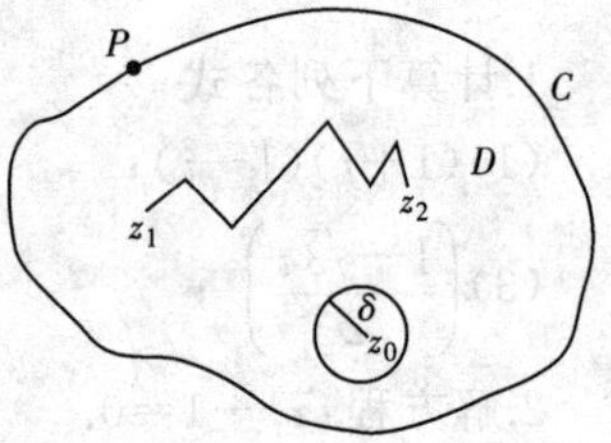

图 1-6

例如,满足不等式 $0<|z-z_0|<r$ 的所有点构成一个区域,而且是有界的.区域的边界由点 $z=z_0$ 和圆周 $|z-z_0|=r$ 上的点组成.又如 $|z-z_0|>r$ 构成了一个无界区域.

现在介绍有关平面曲线的几个概念.

在高等数学中,平面曲线可以用一对连续函数

$$x=x(t),y=y(t)\quad(\alpha\leqslant t\leqslant\beta)$$

来表示(称为曲线的参数方程表示).现在我们用实变量的复值函数 $z(t)$ 来表示,得

$$z=z(t)=x(t)+iy(t)\quad(\alpha\leqslant t\leqslant\beta).$$

例如,平面上连接两点 (x_1,y_1) 与 (x_2,y_2) 的直线段,从复平面上看,这就是连接点 $z_1=x_1+iy_1$ 与点 $z_2=x_2+iy_2$ 的直线段.平面上直线段的参数方程可以表示为

$$x=x_1+(x_2-x_1)t,y=y_1+(y_2-y_1)t\quad(0\leqslant t\leqslant 1)$$

故其复数形式的参数方程可以表示为

$$z=z_1+(z_2-z_1)t\quad(0\leqslant t\leqslant 1).$$

又如,以坐标原点为中心,以 r 为半径的圆周,其参数方程可以表示为

$$x=r\cos\theta,y=r\sin\theta,\quad(0\leqslant\theta\leqslant 2\pi)$$

写成复数的形式为

$$z=r(\cos\theta+i\sin\theta)\quad(0\leqslant t\leqslant 2\pi).$$

除参数表示外,我们还可以用动点 z 满足的关系式来表示曲线.例如,平行于虚轴且通过点 $z=1$ 的直线,从 $1-i$ 到 $1+i$ 的一段可以表示为 $\mathrm{Re}z=1(-1\leqslant\mathrm{Im}z\leqslant 1)$.把以 $z=0$ 为中心,以 r 为半径的圆周,表示为 $|z|=r$.

如果 x,y 在 $[\alpha,\beta]$ 上连续,则称 C 为**连续曲线**.若 x,y 在 $[\alpha,\beta]$ 上可导,且

$$[x'(t)]^2+[y'(t)]^2\neq 0$$

则称 C 为**光滑曲线**,由几段光滑曲线依次相接而成的曲线称为**分段光滑曲线**.

设 $C: z=z(t)(\alpha\leqslant t\leqslant\beta)$ 为连续曲线，分别称 $z(\alpha)$ 及 $z(\beta)$ 为 c 的起点和终点，若

$$z(t_1)\neq z(t_2),\ \forall t_1\neq t_2, t_1\in(\alpha,\beta), t_2\in[\alpha,\beta]$$

则称 C 为**简单曲线**（或若尔当曲线）；$z(\alpha)=z(\beta)$ 的简单曲线称为**简单闭曲线**.（图 1-7）.

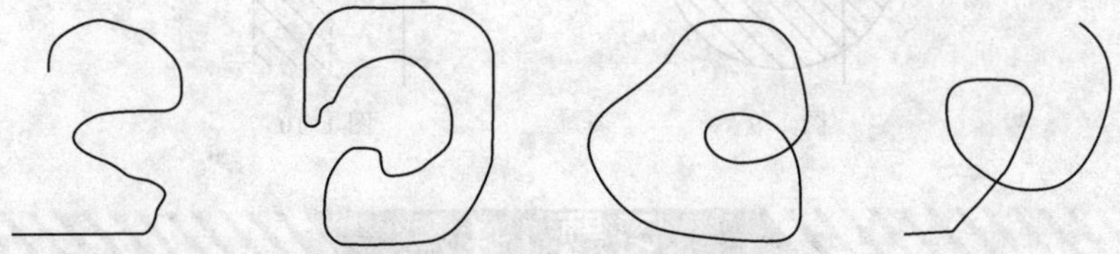

(a)简单、不闭 (b)简单，闭 (c)不简单、闭 (d)不简单、不闭

图 1-7

若尔当曲线定理 任一简单闭曲线将平面分成两个区域，它们都以该曲线为边界.其中一个为有界区域，称为该简单闭曲线的内部；另一个为无界区域，称为该简单闭曲线的外部.

根据简单闭曲线的这个性质，我们可以区别区域的连通状况.

设 D 为复平面上的区域，若 D 内任意一条简单闭曲线的内部全含于 D，则称 D 为**单连通区域**（图 1-8(a)），不是单连通的区域称为**多（复）**连通区域（图 1-8(b)）.

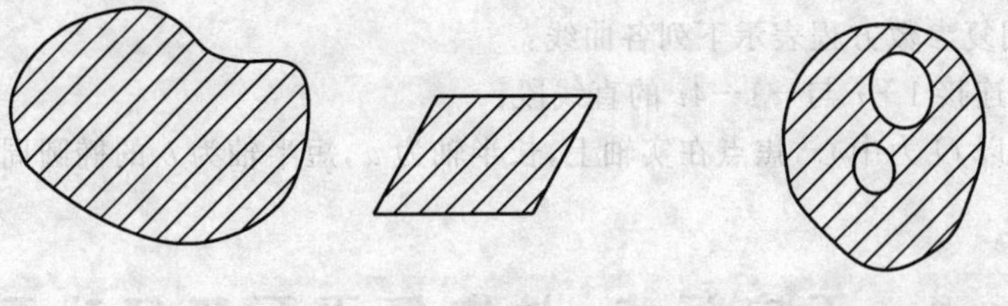

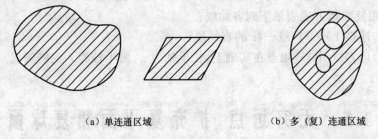

(a) 单连通区域 (b) 多（复）连通区域

图 1-8

【例 1-10】 描述下列不等式所确定的区域，并指出是有界的还是无界的，闭的还是开的，单连通的还是多连通的.

(1) $|z-1|\leqslant 4$； (2) $1<\mathrm{Re}z<2$.

解 (1) $|z-1|\leqslant 4 \Leftrightarrow (x-1)^2+y^2\leqslant 16$.

如图 1-9 所示，不等式所确定的区域为圆 $(x-1)^2+y^2\leqslant 16$ 的内部（包括圆周），是有界的、闭的、单连通区域.

(2) 如图 1-10 所示，不等式所确定的区域是由直线 $x=1$ 和直线 $x=2$ 所围成的带形区域，不包括两直线在内，是无界的、开的、单连通区域.

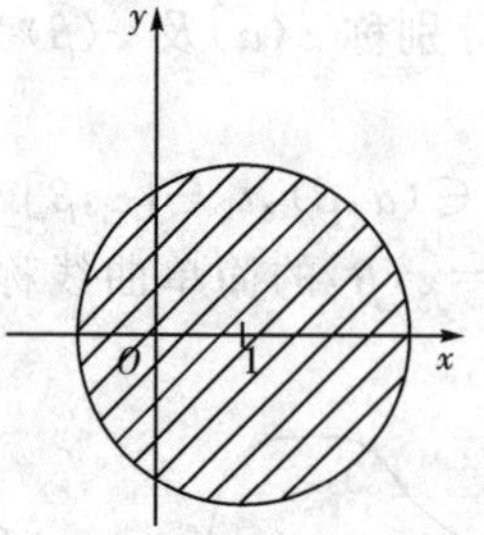

图 1-9

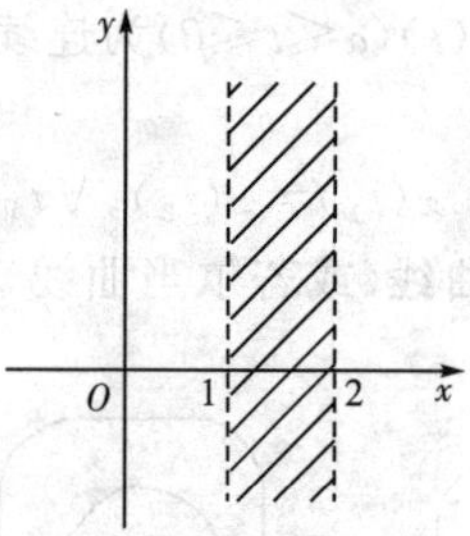

图 1-10

习题 1-4

1.指出下列不等式所确定的区域与闭区域,并指明它是有界的还是无界的?是单连通区域还是多连通区域?

(1) $2<|z|<3$;　　(2) $\left|\frac{1}{z}\right|<3$;

(3) $\frac{\pi}{4}<\arg z<\frac{\pi}{3}$,且 $1<|z|<3$;　　(4) $\operatorname{Im} z>1$,且 $|z|<2$;

(5) $\operatorname{Re} z^2<1$;　　(6) $|z-1|+|z+1|\leqslant 4$;

(7) $|\arg z|<\frac{\pi}{3}$;　　(8) $\left|\frac{z-1}{z+1}\right|>a\quad(a>0)$.

2.用复参数方程表示下列各曲线:

(1)连接 $1+i$ 与 $-1-4i$ 的直线段;

(2)以 O 为中心,焦点在实轴上,长半轴为 a,短半轴为 b 的椭圆周.

1.5 无穷远点、扩充复平面和复球面

1.5.1 扩充复平面与复球面

为了绘制地图的需要,可以使用一种球极投影法,在球面上的点和平面上的点之前建立起一一对应的关系.为了给出复数中的无穷大的定义,我们将利用这种球极投影法来引入复球面的概念.

取一个在原点 O 与平面相切的球面(图 1-11),球面上的点 S 与原点重合.过 S 作垂直于复平面的直线与球面相交于点 N,称 N 为北极,S 为南极.

对于复平面上的任一点 z，如果用一直线段将点 z 与北极 N 连接起来，那么该直线段必与球面相交于一点 P（异于 N）.反之，对于球面上任一异于 N 的点 P，用一直线段将 P 与 N 连接起来，该直线段的延长线就与复平面相交于一点 z.这样，球面上的点，除去北极 N 外，与复平面上的点之间就建立了一一对应关系，从而也与复数集之间建立了一一对应.所以可以用球面上的点来表示复数.

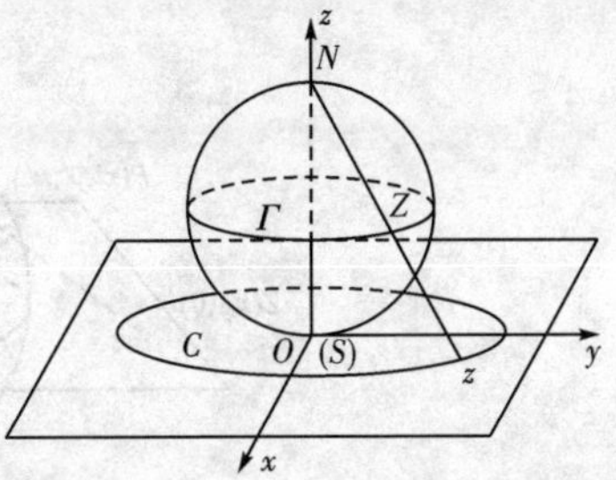

图 1-11

但是，在这种关系下，对于球面上的北极 N，在复平面上没有点与之对应.从图中易见，当点 z 在复平面上无限远离原点时，或者说，当复数 z 的模 $|z|$ 无限变大时，点 P 就无限地接近于 N.为了使复平面上的点与球面上的所有点都能一一对应起来，我们在复平面上引入唯一的模为无穷大的假想点，称之为**无穷远点**，使它与球面上的点 N 相对应.相应地，在复数集中引入唯一的一个复数无穷大，记作 ∞，使它与复平面上的无穷远点相对应.于是，球面上的点就与扩充复平面上的点一一对应起来了，称这样的球面为**复球面**.把添加无穷远点的复平面称为**扩充复平面**.

1.5.2 关于无穷远点运算的规定

对于复数 ∞，我们做如下规定：

(1) ∞ 的实部、虚部与辐角都没有意义，$|\infty|=+\infty$；

(2) $\infty\pm\infty, 0\cdot\infty, \infty\cdot 0, \dfrac{\infty}{\infty}, \dfrac{0}{0}$ 都无意义；

(3) $a\neq\infty$ 时，$a\pm\infty=\infty\pm a=\infty, \dfrac{a}{\infty}=0, \dfrac{\infty}{a}=\infty$；

(4) $a\neq 0, a\cdot\infty=\infty\cdot a=\infty$.

【例 1-11】 证明对任意复数 z 与球面点 P 之间成一一对应关系.

证明 如图建立空间直角坐标系，z 点坐标为 $(x,y,0)$，P 点坐标为 (x',y',z')，N 点坐标为 $(0,0,1)$.由于 z,P,N 共线，所以 $x:y:(-1)=x':y':(z'-1)$，变形得到：

$$x=\frac{x'}{1-z'}, y=\frac{y'}{1-z'}, z=x+iy=\frac{x'+iy'}{1-z'}$$

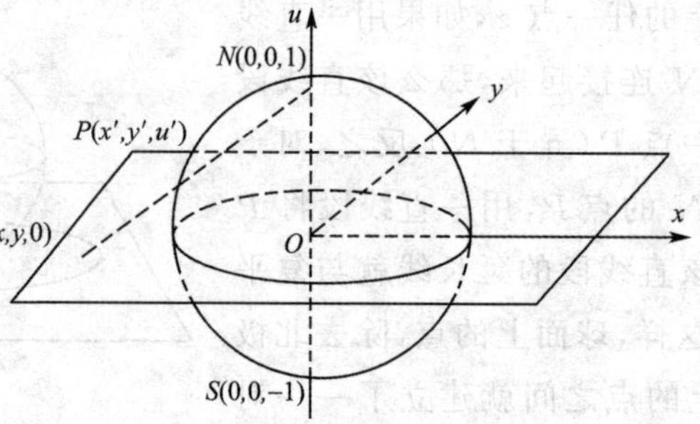

图 1-12

又因为

$$|z|^2=z\cdot\bar{z}=\frac{x'^2+y'^2}{(1-z')^2}=\frac{1-z'^2}{(1-z')^2}=\frac{1+z'}{1-z'}$$

并且

$$\bar{z}=x-iy=\frac{x'-iy'}{1-z'}$$

于是有

$$x'=\frac{z+\bar{z}}{|z|^2+1},y'=\frac{z-\bar{z}}{i(|z|^2+1)},z'=\frac{|z|^2-1}{|z|^2+1} \tag{1-4}$$

因此，在复平面 C 与复球面 $\tilde{S}-\{N\}$ 之间建立了一个双射 $(x,y,0)\to(x',y',z')$，即为对任意复数 z 与球面点 P 之间成一一对应关系.

定义 设在三维空间中存在一点 (x,y,u)，复平面是 xoy 面，将其称为 z 平面，原点在球心 r 为半径的球面方程为 $x^2+y^2+u^2=r^2$，点 $N(0,0,r)$ 称为球面上的球极，在球面做连接点 $N(0,0,r)$ 与 xoy 平面上任意一点 $A(x,y,0)$ 的直线，设球面与这条直线的交点是 A_1，并称 A_1 为 A 在球面上的**球极射影**. A 在单位球面上的球极射影 A_1 可通过式(1-4)来计算.

习题 1-5

1.设复球面 $x^2+y^2+u^2=1$，取球极 $N(0,0,1)$，求复平面上的点 $A(3,4,0)$ 在球面上的球极射影 A_1 的坐标.

2.求以复球面 $x^2+y^2+u^2=1$ 上的点 $B_1\left(\frac{1}{3},-\frac{2}{3},\frac{2}{3}\right)$ 为球极射影的复平面上点 B 的坐标.

1.6 复变函数

1.6.1 复变函数的概念

定义 1-2 设 G 为一个复数集,若存在一个对应法则 f,使得 G 内每一复数 z 均有唯一(或两个以上)确定的复数 ω 与之对应,则称在 G 上确定了一个单值(或多值)函数 $\omega=f(z)(z\in G)$,G 称为函数的定义域,ω 值的全体组成的集合称为**值域**.

若一个 z 值对应一个 ω 值,则称函数 $\omega=f(z)$ 是**单值函数**;若同一个 z 值可以与多个 ω 值相对应,则称为**多值函数**.今后如无特别说明,所提到的函数均为单值函数.

例如:$\omega=|z|$,$\omega=\bar{z}$ 及 $\omega=\dfrac{z+1}{z-1}(z\neq1)$ 均为单值函数,$\omega=\sqrt[n]{z}$ 及 $\omega=\text{Arg}z$ $(z\neq0)$ 均为多值函数.

由于复变量可以用实部和虚部表示:$z=x+iy$,$\omega=u+vi$,所以 $\omega=f(z)$ 可以表示为

$$u+vi=f(x+yi)=u(x,y)+iv(x,y)$$

其中 $u(x,y)$、$v(x,y)$ 均为 x、y 的二元实函数,分开上式的实部和虚部,得到

$$u=u(x,y),v=v(x,y)$$

这样,一个复变函数 $w=f(z)$ 就相当于一对二元实变函数.$w=f(z)$ 的性质就取决于 $u=u(x,y)$ 与 $v=v(x,y)$ 的性质.

【例 1-12】 将定义在全平面上的复变函数 $\omega=z^2$ 化为一对二元实变函数.

解 记 $z=x+iy$,$\omega=u+vi$,代入 $\omega=z^2$ 得

$$u+iv=(x+iy)^2=x^2-y^2+2xyi$$

化开实部与虚部即得

$$u=x^2-y^2,v=2xy$$

设 $f(z)$ 的定义域为 G,值域为 D.则复变函数 $f:G\to D$ 可以看作点集 G 到点集 D 的一个**映射**(或**变换**).D 中点 w 称为 G 中点 z 的**象**,而 G 中点 z 称为 D 中点 w 的**原象**.例如,函数 $\omega=z^2$,将点 $z=\dfrac{1}{2}+\dfrac{1}{2}i$ 映射为点 $\omega=\dfrac{1}{2}i$.

1.6.2 复变函数的极限与连续性

定义 1-3 设 $w=f(z)$ 在 z_0 的去心邻域 $0<|z-z_0|<\rho$ 内有定义,若有确

定的复数 $A(A\neq\infty)$ 存在，对于任意给定的 $\varepsilon>0$，总存在一个正数 δ，使得对满足 $0<|z-z_0|<\delta(0<\delta\leqslant\rho)$ 的一切 z，都有 $|f(z)-A|<\varepsilon$，则称 A 为函数 $f(z)$ 当 z 趋向 z_0 时的**极限**.记作 $\lim\limits_{z\to z_0}f(z)=A$ 或 $f(z)\to A$（当 $z\to z_0$）.

由定义可见，极限值 A 与 $z\to z_0$ 的方式无关.也就是说，不论 z 以何种方式趋近于 z_0，$f(z)$ 的值总是趋近于 A.

这个定义的几何意义是：当变点 z 在 z_0 的一个充分小的 δ 邻域时，它们的象点就在的 A 的一个给定的 ε 邻域.

复变函数极限的计算，可以归结为实数对极限的计算，具体来说，有下面的定理：

定理 1-3 设函数 $f(z)=u(x,y)+iv(x,y)$，$A=u_0+iv_0$，$z_0=x_0+iy_0$，则 $\lim\limits_{z\to z_0}f(z)=A$ 的充要条件是

$$\lim_{\substack{x\to x_0\\ y\to y_0}}u(x,y)=u_0,\ \lim_{\substack{x\to x_0\\ y\to y_0}}v(x,y)=v_0.$$

证明 先证明充分性.已知 $\lim\limits_{\substack{x\to x_0\\ y\to y_0}}u(x,y)=u_0$，$\lim\limits_{\substack{x\to x_0\\ y\to y_0}}v(x,y)=v_0$，故 $\forall\varepsilon>0$，$\exists\delta>0$，使得当 $0<\sqrt{(x-x_0)^2+(y-y_0)^2}<\delta$ 时，恒有 $|u-u_0|<\dfrac{\varepsilon}{2}$，$|v-v_0|<\dfrac{\varepsilon}{2}$.而

$$\begin{aligned}|f(z)-A|&=|(u+vi)-(u_0+v_0i)|=|(u-u_0)+(v-v_0)i|\\&\leqslant|u-u_0|+|v-v_0|<\varepsilon\end{aligned}$$

即 $\lim\limits_{z\to z_0}f(z)=A$.

再证明必要性.若已知 $\lim\limits_{z\to z_0}f(z)=A$，则 $\forall\varepsilon>0$，$\exists\delta>0$，使得当 $|z-z_0|<\delta$ 时，有 $|f(z)-A|<\dfrac{\varepsilon}{2}$，即当 $0<\sqrt{(x-x_0)^2+(y-y_0)^2}<\delta$ 时，有 $|(u-u_0)+(v-v_0)i|<\varepsilon$，由此可知 $|u-u_0|<\varepsilon$，$|v-v_0|<\varepsilon$.因此

$$\lim_{\substack{x\to x_0\\ y\to y_0}}u(x,y)=u_0\ \ \lim_{\substack{x\to x_0\\ y\to y_0}}v(x,y)=v_0.$$

由这个定理的证明过程，可以知道复变函数极限的存在性等价于其实部和虚部这两个二元函数极限的存在性.

从极限定义形式上来看，与高等数学中的一元实函数的情况相同，因此，复变函数极限有类似于实函数极限的性质.例如极限的四则运算，当 $\lim\limits_{z\to z_0}f(z)=A$，$\lim\limits_{z\to z_0}g(z)=B$ 时有

$$\lim_{z\to z_0}[f(z)\pm g(z)]=A\pm B;$$

$$\lim_{z\to z_0}[f(z)g(z)]=AB;$$

$$\lim_{z\to z_0}\left[\frac{f(z)}{g(z)}\right]=\frac{A}{B}\quad(B\neq 0).$$

定义 1-4 设函数 $f(z)$ 定义于 z_0 点的邻域内，如果 $\lim\limits_{z\to z_0}f(z)=f(z_0)$ 成立，则称 $f(z)$ 在 z_0 处连续.如果 $f(z)$ 在区域 D 中每一点都连续，则称 $f(z)$ 在 D 内连续.

由定义 1-4 与定理 1-1，可以得到以下结论：

定理 1-4 函数 $f(z)=u(x,y)+iv(x,y)$ 在 $z_0=x_0+iy_0$ 处连续的充要条件是 $u(x,y)$ 与 $v(x,y)$ 在 (x_0,y_0) 连续.

【例 1-13】 设 $f(z)=\ln(x^2+y^2)+i(x^2-y^2)$，讨论 $f(z)$ 在复平面上的连续性.

解 $f(z)=\ln(x^2+y^2)+i(x^2-y^2)$，则

$$u=\ln(x^2+y^2),v=x^2-y^2$$

由于 $u=\ln(x^2+y^2)$ 在复平面上除原点外处处连续，$v=x^2-y^2$ 在复平面上处处连续，所以 $f(z)$ 在复平面上除原点外处处连续.

根据定理 1-2 与复变函数极限的运算法则，还可以得到以下结论：

(1)在 z_0 处连续的两个复变函数 $f(z)$ 与 $g(z)$ 的和、差、积、商(分母在 z_0 不为零)在 z_0 处仍连续；

(2)设函数 $h=g(z)$ 在 z_0 处连续，函数 $w=f(h)$ 在 $h_0=g(z_0)$ 连续，则复合函数 $w=f[g(z)]$ 在 z_0 处连续.

由以上结论可知，有理整式函数(多项式)

$$P(z)=a_0+a_1z+a_2z^2+\cdots+a_nz^n$$

(其中 a_k 为复常数)在复平面上处处连续，而有理分式函数

$$R(z)=\frac{P(z)}{Q(z)}=\frac{a_0+a_1z+a_2z^2+\cdots+a_nz^n}{b_0+b_1z+b_2z^2+\cdots+b_mz^m}$$

除在分母为零的点外处处连续.

除了上面连续函数的四则运算、复合函数的连续性成立，此外有界闭集上的连续函数的有界性以及一致连续性等都是成立的.

习题 1-6

1.试将函数 $x^2-y^2-i(xy-x)$ 写成 z 的函数($z=x+iy$).

2.试证 $\lim\limits_{z\to z_0}\frac{\mathrm{Re}z}{z}$ 不存在.

3.设 $f(z)=\begin{cases}\dfrac{xy}{x^2+y^2}, & z\neq 0\\ 0, & z=0\end{cases}$，试讨论 $f(z)$ 的连续性.

第 2 章 解析函数

复变函数研究的主要对象是解析函数，它在理论和实际问题中有着非常广泛的应用.本章首先引入复变函数导数的定义和求导法则，然后给出解析函数的基本概念和判定方法，最后介绍一些初等解析函数.可以说复变函数的有些概念是由实变函数的概念推广得到的，认识到这一点，有利于我们对复变函数的学习.

2.1 认识解析函数

2.1.1 复变函数的导数

设函数 $w=f(z)$ 是定义在区域 D 上的复变函数，利用类似于高等数学的方法，引入复变函数导数的概念.

定义 2-1 设函数 $w=f(z)$ 定义在点 z_0 的某邻域 D 内，$z_0+\Delta z$ 为 D 中任一点，如果极限

$$\lim_{\Delta z\to 0}\frac{\Delta w}{\Delta z}=\lim_{\Delta z\to 0}\frac{f(z_0+\Delta z)-f(z_0)}{\Delta z}$$

存在极限值 A，则称函数 $f(z)$ 在 z_0 处**可导**，这个极限值 A 称为 z_0 点处的导数，记作 $f'(z_0)$ 或 $\left.\frac{\mathrm{d}w}{\mathrm{d}z}\right|_{z=z_0}$.即

$$f'(z_0)=\left.\frac{\mathrm{d}w}{\mathrm{d}z}\right|_{z=z_0}=\lim_{\Delta z\to 0}\frac{f(z_0+\Delta z)-f(z_0)}{\Delta z} \tag{2-1}$$

或

$$\Delta w=f'(z_0)\Delta z+o(|\Delta z|)\quad(\Delta z\to 0), \tag{2-2}$$

也称 $\mathrm{d}f(z_0)=f'(z_0)\Delta z$ 或 $f'(z_0)\mathrm{d}z$ 为 $f(z)$ 在 z_0 处的**微分**，故也称 $f(z)$ 在 z_0 处**可微**.

注意 (1)定义中的 $z_0+\Delta z\to z_0(\Delta z\to 0)$ 的方式是任意的.

(2)如果 $w=f(z)$ 在区域 D 内处处可导,就说明函数 $f(z)$ 在 D 内可导.

由定义易知,如果 $f(z)$ 在 z_0 处可导(或可微),则 $f(z)$ 在 z_0 处连续.事实上,由函数 $f(z)$ 在 z_0 点可导,可得

$$f'(z_0)=\lim_{\Delta z\to 0}\frac{f(z_0+\Delta z)-f(z_0)}{\Delta z},$$

即对于任意给定的 $\varepsilon>0$,存在一个 $\delta>0$,使得当 $0<|\Delta z|<\delta$ 时,有

$$\left|\frac{f(z_0+\Delta z)-f(z_0)}{\Delta z}-f'(z_0)\right|<\varepsilon.$$

令

$$\rho(\Delta z)=\frac{f(z_0+\Delta z)-f(z_0)}{\Delta z}-f'(z_0),$$

那么 $\lim\limits_{\Delta z\to 0}\rho(\Delta z)=0$,由此可得

$$f(z_0+\Delta z)-f(z_0)=f'(z_0)\Delta z+\rho(\Delta z)\Delta z,$$

所以 $\lim\limits_{\Delta z\to 0}f(z_0+\Delta z)=f(z_0)$,即函数 $f(z)$ 在 z_0 处连续.

【例 2-1】 证明函数 $f(z)=|z|^2$ 在 $z=0$ 处可导,且导数等于 0.

证明 因为

$$\frac{f(z_0+\Delta z)-f(z_0)}{\Delta z}=\frac{|\Delta z|^2}{\Delta z}=\overline{\Delta z},$$

当 $\Delta z\to 0$ 时,$\overline{\Delta z}\to 0$,所以 $f(z)$ 在 $z=0$ 处可导,且导数等于 0.

【例 2-2】 求函数 $f(z)=z^2$ 的导数.

解 因为

$$\lim_{\Delta z\to 0}\frac{f(z+\Delta z)-f(z)}{\Delta z}=\lim_{\Delta z\to 0}\frac{(z+\Delta z)^2-z^2}{\Delta z}=\lim_{\Delta z\to 0}(2z+\Delta z)=2z,$$

所以 $f(z)$ 的导数为 $f'(z)=2z$.

【例 2-3】 证明函数 $f(z)=\bar z$ 在复平面上连续,但处处不可导.

证明 对于复平面上任意一点 z_0,由于

$$|f(z)-f(z_0)|=|\bar z-\overline{z_0}|=|\overline{z-z_0}|=|z-z_0|,$$

故任意给定的 $\varepsilon>0$,取 $\delta=\varepsilon$,当 $|z-z_0|<\delta$ 时,有 $|f(z)-f(z_0)|<\varepsilon$,从而 $f(z)=\bar z$ 在复平面上处处连续.又因为

$$\frac{f(z_0+\Delta z)-f(z_0)}{\Delta z}=\frac{\overline{z_0+\Delta z}-\overline{z_0}}{\Delta z}=\frac{\overline{\Delta z}}{\Delta z}=\frac{\Delta x-i\Delta y}{\Delta x+i\Delta y}.$$

若 $z_0+\Delta z$ 沿着平行于 x 轴的方向趋于 z_0,则 $\Delta y\to 0$,且

$$\lim_{\Delta x\to 0}\frac{\Delta x-i\Delta y}{\Delta x+i\Delta y}=\lim_{\Delta x\to 0}\frac{\Delta x}{\Delta x}=1,$$

若 $z_0+\Delta z$ 沿着平行于 y 轴的方向趋于 z_0，则 $\Delta x\to 0$，且

$$\lim_{\Delta y\to 0}\frac{\Delta x-i\Delta y}{\Delta x+i\Delta y}=\lim_{\Delta y\to 0}\frac{-i\Delta y}{i\Delta y}=-1.$$

所以函数 $f(z)=\bar{z}$ 在 z_0 处不可导.由 z_0 的任意性可知，$f(z)=\bar{z}$ 在复平面上处处不可导.

2.1.2 解析函数的概念与求导法则

定义 2-2 如果函数 $w=f(z)$ 在 z_0 及 z_0 的邻域内处处可导，那么称函数 $f(z)$ 在 z_0 处解析.如果 $w=f(z)$ 在区域 D 内处处解析，则称 $f(z)$ 在 D 内解析，或称 $f(z)$ 是 D 内的一个**解析函数**（全纯函数或正则函数）.如果函数 $f(z)$ 在 z_0 处不解析，则称 z_0 为 $f(z)$ 的**奇点**.

总之，函数在一点处解析和在一点处可导是两个不同的概念.函数在一点处解析，则一定在该点可导，但是反过来不一定成立.因此函数在一点处解析比在一点处可导的要求要高得多，但是函数在区域内解析和在区域内处处可导是等价的.

【例 2-4】 试讨论函数(1) $f(z)=z^2$，(2) $f(z)=\bar{z}$ 的解析性.

解 (1)由例 2-2 可知 $f(z)=z^2$ 在复平面上处处可导，所以在复平面上处处解析.

(2)由例 2-3 可知函数 $f(z)=\bar{z}$ 在复平面上处处不可导，故 $\bar{z}$ 在复平面上处处不解析.

由于复变函数中导数的定义与一元实变函数中导数的定义在形式上完全相同，而且复变函数中的极限运算法则也和实变函数中的一样，从而实变函数中的求导法则都可以不加更改地推广到复变函数中来，其证明方法也是相同的，这里不再重复.

(1)四则运算法则

定理 2-1 若 $f(z)$，$g(z)$ 都是区域 D 上的解析函数，则它们的解析性在定义域内对加、减、乘、除（分母不为 0）封闭，且有

$$[f(z)\pm g(z)]'=f'(z)\pm g'(z),$$

$$[f(z)g(z)]'=f'(z)g(z)+g'(z)f(z),$$

$$\left[\frac{f(z)}{g(z)}\right]'=\frac{f'(z)g(z)-g'(z)f(z)}{[g(z)]^2}.$$

另外,容易知道常数的导数是0,以及

$$(z^n)'=nz^{n-1}\quad(n\text{ 为自然数}),$$

$$[kf(z)]'=kf'(z)\quad(k\text{ 为常数}).$$

(2)复合函数的求导法则

定理 2-2 设函数 $u=g(z)$ 在区域 D 内解析,函数 $w=f(u)$ 在区域 G 内解析,且 $g(D)\subset G$($g(D)$ 表示函数 $u=g(z)$ 的值域),则复合函数 $w=f(g(z))=h(z)$ 在 D 内解析,且有

$$h'(z)=[f(g(z))]'=f'(g(z))g'(z).$$

(3)反函数的求导法则

定理 2-3 设函数 $w=f(z)$ 在区域 D 内解析且 $f'(z)\neq 0$,其反函数 $z=f^{-1}(w)=\varphi(w)$ 存在且在相应区域 G 内连续,则 $z=\varphi(w)$ 在 G 内解析,且有

$$\varphi'(w)=\left.\frac{1}{f'(z)}\right|_{z=\varphi(w)}=\frac{1}{f'(\varphi(w))}.$$

由以上定理我们可以得到下面两个结论:

(1)多项式 $P(z)=a_0+a_1z+\cdots+a_nz^n$ 在整个复平面上解析;

(2)有理式分式函数 $w=\dfrac{P(z)}{Q(z)}$($P(z)$、$Q(z)$ 都是多项式,$Q(z)\neq 0$)在复平面上分母值不为零的区域内解析.

2.1.3 函数解析的充分必要条件

设函数 $w=f(z)$ 是区域 D 内的解析函数,由复变函数与二元实变函数的关系,我们得到解析函数的实部与虚部的两个二元函数有下述结论.

定理 2-4 设复变函数 $f(z)=u(x,y)+iv(x,y)$ 定义在区域 D 内,则 $f(z)$ 在 D 内一点 $z=x+iy$ 可导的充分必要条件是:$u(x,y)$ 与 $v(x,y)$ 在点 (x,y) 处可微,并且在该点满足柯西-黎曼(Cauchy-Riemann)方程(简称C-R方程):

$$\frac{\partial u}{\partial x}=\frac{\partial v}{\partial y},\frac{\partial u}{\partial y}=-\frac{\partial v}{\partial x}. \tag{2-3}$$

证明 先证必要性.设 $f(z)$ 在 $z=x+iy$ 处可导,记作 $f'(z)=a+ib$,则有

$$\begin{aligned}f(z+\Delta z)-f(z)&=(a+ib)\Delta z+o(|\Delta z|)\\&=(a+ib)(\Delta x+i\Delta y)+o(|\Delta z|),\end{aligned}$$

其中 $f(z+\Delta z)-f(z)=\Delta u+i\Delta v$,$\Delta z=\Delta x+i\Delta y$.对比实部和虚部,可得

$$\Delta u=(x+\Delta x,y+\Delta y)-u(x,y)=a\Delta x-b\Delta y+o(|\Delta z|),$$

$$\Delta v=v(x+\Delta x,y+\Delta y)-v(x,y)=b\Delta x+a\Delta y+o(|\Delta z|),$$

所以，$u(x,y)$与$v(x,y)$在点(x,y)处可微，并且

$$a=\frac{\partial u}{\partial x}=\frac{\partial v}{\partial y},-b=\frac{\partial u}{\partial y}=-\frac{\partial v}{\partial x}.$$

再证充分性.设$u(x,y)$与$v(x,y)$在点(x,y)处可微，则

$$\Delta u=u'_x(x,y)\Delta x+u'_y(x,y)\Delta y+o(|\Delta z|),$$
$$\Delta v=v'_x(x,y)\Delta x+v'_y(x,y)\Delta y+o(|\Delta z|).$$

又由于C-R方程成立，所以

$$\Delta w=\Delta u+i\Delta v=[u'_x(x,y)+iv'_x(x,y)]\cdot\Delta z+o(|\Delta z|),$$

从而有

$$\lim_{\Delta z\to 0}\frac{\Delta w}{\Delta z}=u'_x(x,y)+iv'_x(x,y)=a+ib.$$

由上述定理可知，当条件满足时，可以由下列导数公式来计算$f'(z)$，即

$$f'(z)=\frac{\partial u}{\partial x}+i\frac{\partial v}{\partial x}=\frac{\partial v}{\partial y}+i\frac{\partial v}{\partial x}$$
$$=\frac{\partial u}{\partial x}-i\frac{\partial u}{\partial y}=\frac{\partial v}{\partial y}-i\frac{\partial u}{\partial y}. \qquad (2\text{-}4)$$

若考虑区域上的解析函数，则由上述定理可以推出下面的结论.

定理 2-5 设函数$f(z)=u(x,y)+iv(x,y)$在定义域D内解析(或D内可导)的充分必要条件是$u(x,y)$与$v(x,y)$在D内处处可微，并且满足C-R方程.

由定理2-5不难得到下面的推论.

推论 设$f(z)=u(x,y)+iv(x,y)$在定义域D内有定义，如果在D内$u(x,y)$与$v(x,y)$的四个一阶偏导数都存在且连续，并且满足C-R方程，则$f(z)$在D内解析.

上述结论给出了如何判断函数$f(z)$在区域D内是否解析(或者某点是否可导)的方法.我们可以利用柯西-黎曼方程简便地判断一个函数是否解析，即如果$f(z)$在D内不满足C-R方程，则$f(z)$在D内不解析.但是，如果需要判断$f(z)$解析，在满足C-R方程的基础上，我们还要考虑实部$u(x,y)$和虚部$v(x,y)$是否具有一阶连续偏导数.

【例 2-5】 判断下列函数在何处可导，在何处解析.

(1)$w=\overline{z}$； (2)$f(z)=e^x(\cos y+i\sin y)$.

解 (1)由于$w=\overline{z}=x-iy$，所以$u=x,v=-y$，且

$$\frac{\partial u}{\partial x}=1,\frac{\partial u}{\partial y}=0,\frac{\partial v}{\partial x}=0,\frac{\partial v}{\partial y}=-1,$$

可知不满足 C-R 方程，所以 $w=\overline{z}$ 在复平面上处处不可导，处处不解析（这与例 2-3 的结果一致）.

（2）由于 $u=e^x\cos y, v=e^x\sin y$，且

$$\frac{\partial u}{\partial x}=e^x\cos y,\frac{\partial u}{\partial y}=-e^x\sin y,\frac{\partial v}{\partial x}=e^x\sin y,\frac{\partial v}{\partial y}=e^x\cos y,$$

从而满足 C-R 方程，并且上述四个一阶偏导数连续，所以函数 $f(z)=e^x(\cos y+i\sin y)$ 在平面上处处可导，也处处解析.由式(2-4)可得，

$$f'(z)=\frac{\partial u}{\partial x}+i\frac{\partial v}{\partial x}=e^x(\cos y+i\sin y)=e^z=f(z).$$

习题 2-1

1.利用导数的定义，求下列函数的导数.

（1）$f(z)=\frac{1}{z}$；

（2）$f(z)=z\mathrm{Re}z$.

2.讨论下列函数的可导性与解析性.

（1）$f(z)=\overline{z}z^2$；

（2）$f(z)=x^2+iy^2$；

（3）$f(z)=x^2-y^2+2xyi$；

（4）$f(z)=x^3-3xy^2+i(3x^2y-y^3)$.

3.确定下列函数的解析区域和奇点.

（1）$f(z)=\frac{1}{z^2-1}$；

（2）$f(z)=\frac{az+b}{cz+d}$（c,d 至少有一个不为零）.

2.2 调和函数

2.2.1 调和函数的概念

在物理学中，有一种特殊的二元实函数，即所谓的调和函数，它是一类在实际应用中很重要的函数，并与解析函数有着密切的联系.下面先来介绍调和函数

的基本定义.

定义 2-3 设二元实变量函数 $\varphi(x,y)$ 在区域 D 内具有二阶连续偏导数，并且满足拉普拉斯(Laplace)方程：$\varphi_{xx}+\varphi_{yy}=0$，则称 $\varphi(x,y)$ 为区域 D 内的**调和函数**.

例如，$\varphi(x,y)=x^2-y^2$、$\varphi(x,y)=xy$ 都是调和函数.

定理 2-6 若 $f(z)=u(x,y)+iv(x,y)$ 是区域 D 内的解析函数，则 $f(z)$ 的实部 $u(x,y)$ 和虚部 $v(x,y)$ 均为 D 内的调和函数.

证明 因为 $f(z)$ 在区域 D 内解析，所以 u 与 v 在 D 内满足 C-R 方程

$$\frac{\partial u}{\partial x}=\frac{\partial v}{\partial y},\frac{\partial u}{\partial y}=-\frac{\partial v}{\partial x}.$$

当函数 $f(z)$ 解析时，u 与 v 具有任意阶连续偏导数(这一结论本书后面将会说明).

对于 C-R 方程，分别对 y 与 x 求偏导数，可得

$$\frac{\partial^2 u}{\partial x\partial y}=\frac{\partial^2 v}{\partial y^2},\frac{\partial^2 u}{\partial y\partial x}=-\frac{\partial^2 v}{\partial x^2}.$$

又因为 $\frac{\partial^2 u}{\partial x\partial y}=\frac{\partial^2 u}{\partial y\partial x}$，于是

$$\frac{\partial^2 v}{\partial x^2}+\frac{\partial^2 v}{\partial y^2}=\frac{\partial^2 u}{\partial x\partial y}-\frac{\partial^2 u}{\partial y\partial x}=0.$$

所以，$v(x,y)$ 在区域 D 内是调和函数.同理可得，$u(x,y)$ 在区域 D 内也是调和函数.

虽然解析函数的实部和虚部都是调和函数，但是对于 D 内的任意两个调和函数 $u(x,y)$ 和 $v(x,y)$，由它们构成的复变函数 $f(z)=u(x,y)+iv(x,y)$ 不一定是解析函数.

例如，当 $u(x,y)=x$，$v(x,y)=2y$ 时，函数 $f(z)=x+2yi$ 并不解析.而当 $u(x,y)=x^2-y^2$，$v(x,y)=2xy$ 时，函数 $f(z)=x^2-y^2+2xyi$ 解析.

2.2.2 共轭调和函数

定义 2-4 设函数 $u(x,y)$ 与 $v(x,y)$ 均是区域 D 内的调和函数，而且它们满足 C-R 方程，即

$$\frac{\partial u}{\partial x}=\frac{\partial v}{\partial y},\frac{\partial u}{\partial y}=-\frac{\partial v}{\partial x},$$

则称 $v(x,y)$ 为 $u(x,y)$ 的**共轭调和函数**.

根据定义 2-4，若 $f(z)=u(x,y)+iv(x,y)$ 是解析函数，则其虚部 $v(x,y)$

是实部 $u(x,y)$ 的共轭调和函数.于是便产生这样一个问题,利用两个具有共轭性质的调和函数构造成一个复变函数,是否一定是解析的呢? 下面的定理回答了这一问题.

定理 2-7 设 $f(z)=u(x,y)+iv(x,y)$ 在区域 D 内解析的充要条件是在 D 内,$f(z)$ 的虚部 $v(x,y)$ 是实部 $u(x,y)$ 的共轭调和函数.

定理的证明从略.由这个定理结论可知,我们可以利用一个调和函数和它的共轭调和函数,来构造出一个解析函数.

2.2.3 解析函数与调和函数的关系

下面介绍已知解析函数的实部或者虚部,根据 C-R 方程求出另一半的几种方法.

1.偏积分法.

【例 2-6】 证明 $u(x,y)=y^3-3x^2y$ 为调和函数,并求它的共轭调和函数 $v(x,y)$,以及由它们构造的解析函数 $f(z)=u(x,y)+iv(x,y)$,使之满足 $f(0)=i$.

证 (1)先证明 $u(x,y)=y^3-3x^2y$ 为调和函数.

因为

$$\frac{\partial u}{\partial x}=-6xy,\frac{\partial u}{\partial y}=3y^2-3x^2,$$

$$\frac{\partial^2 u}{\partial x^2}=-6y,\quad \frac{\partial^2 u}{\partial y^2}=6y,\quad \frac{\partial^2 u}{\partial x\partial y}=\frac{\partial^2 u}{\partial y\partial x}=-6x,$$

显然 $u(x,y)$ 的二阶偏导数均连续,且

$$\frac{\partial^2 u}{\partial x^2}+\frac{\partial^2 u}{\partial y^2}=0.$$

故 $u(x,y)=y^3-3x^2y$ 为调和函数.

(2)利用偏积分法求共轭调和函数 $v(x,y)$.

由于 $\frac{\partial v}{\partial y}=\frac{\partial u}{\partial x}=-6xy$,得

$$v=\int(-6xy)\mathrm{d}y=-3xy^2+g(x).$$

又 $\frac{\partial v}{\partial x}=-3y^2+g'(x)=-\frac{\partial u}{\partial y}=-3y^2+3x^2$,得 $g'(x)=3x^2$,故 $g(x)=x^3+C$.

所以

$$v(x,y)=-3xy^2+x^3+C.$$

从而得到解析函数

$$f(z)=y^3-3x^2y+i(-3xy^2+x^3+C),$$

令 $y=0$,得 $f(z)=i(z^3+C)$.因为 $f(0)=i$,故 $C=1$,所以 $f(z)=i(z^3+1)$.

2.线积分法.

下面介绍一种利用曲线积分的方法求其共轭调和函数.

根据 C-R 方程可知,函数 u 决定了函数 v 的全微分,即

$$\mathrm{d}v=\frac{\partial v}{\partial x}\mathrm{d}x+\frac{\partial v}{\partial y}\mathrm{d}y=-\frac{\partial u}{\partial y}\mathrm{d}x+\frac{\partial u}{\partial x}\mathrm{d}y.$$

由于 u 是调和函数,由高等数学课程中的相关知识知道,当 D 是单连通区域时,上式右端的积分(指第二类曲线积分)与积分路径无关,而 v 可以表示为

$$v(x,y)=\int_{(x_0,y_0)}^{(x,y)}-\frac{\partial u}{\partial y}\mathrm{d}x+\frac{\partial u}{\partial x}\mathrm{d}y+C,$$

其中(x_0,y_0)为 D 内一定点,C 为任意实常数.

【例 2-7】 已知调和函数 $u(x,y)=x^2-y^2+xy$,求其共轭调和函数 $v(x,y)$及由它们构成的解析函数.

解 由于 $u(x,y)=x^2-y^2+xy$,可得它的两个偏导数

$$\frac{\partial u}{\partial x}=2x+y,\frac{\partial u}{\partial y}=-2y+x,$$

则

$$\begin{aligned}v(x,y)&=\int_{(0,0)}^{(x,y)}-\frac{\partial u}{\partial y}\mathrm{d}x+\frac{\partial u}{\partial x}\mathrm{d}y+C\\&=\int_{(0,0)}^{(x,y)}(2y-x)\mathrm{d}x+(2x+y)\mathrm{d}y+C\\&=\int_0^x(-x)\mathrm{d}x+\int_0^x(2x+y)\mathrm{d}y+C\\&=-\frac{1}{2}x^2+2xy+\frac{1}{2}y^2+C.\end{aligned}$$

所以

$$f(z)=x^2-y^2+xy+i\left(-\frac{1}{2}x^2+2xy+\frac{1}{2}y^2+C\right),$$

令 $y=0$,得 $f(z)=z^2-\frac{1}{2}z^2i+Ci$,$C$ 为任意实常数.

3.不定积分法.

【例 2-8】 已知调和函数 $v(x,y)=\mathrm{e}^x(y\cos y+x\sin y)+x+y$,求其共轭调和函数 $u(x,y)$及由它们构成的解析函数,使之满足 $f(0)=1$.

解 由 $v(x,y)=\mathrm{e}^x(y\cos y+x\sin y)+x+y$,可得

$$\frac{\partial v}{\partial x}=e^x(y\cos y+x\sin y+\sin y)+1,\frac{\partial v}{\partial y}=e^x(\cos y-y\sin y+x\cos y)+1.$$

根据式(2-4)可得

$$f'(z)=\frac{\partial v}{\partial y}+i\frac{\partial v}{\partial x}=e^x(\cos y-y\sin y+x\cos y)+1+$$
$$i[e^x(y\cos y+x\sin y+\sin y)+1],$$

令 $y=0$,即 $z=x$ 在实轴上取值,则

$$f'(x)=e^x(1+x)+1+i.$$

对自变量 x 积分后得,

$$f(x)=xe^x+(1+i)x+C,C\text{ 为任意实常数}$$

将 x 替换成 z,则有

$$f(z)=ze^z+(1+i)z+C.$$

又 $f(0)=1$,可得 $C=1$,于是

$$f(z)=ze^z+(1+i)z+1.$$

习题 2-2

1.判断 $u=x+y$ 和 $v=x+y+1$ 是不是调和函数,并判断 v 是不是 u 的共轭调和函数?

2.试证:$u=x^2-y^2$,$v=\dfrac{y}{x^2+y^2}$都是调和函数,但是 $f(z)=u+iv$ 不是解析函数.

3.如果 $f(z)=u+iv$ 为解析函数,试证:$-u$ 是 v 的共轭调和函数.

4.已知下列调和函数 u 或 v,求解析函数 $f(z)=u(x,y)+iv(x,y)$.

(1)$u(x,y)=x^3-3xy^2$;

(2)$v(x,y)=2xy+3x$;

(3)$u(x,y)=2(x-1)y,f(0)=-i$;

(4)$u(x,y)=e^x(x\cos y-y\sin y),f(0)=0$.

2.3 初等函数

同高等数学中我们学习过实初等函数一样,复变量的初等函数也是由一些最简单、最基本的初等函数经过四则运算或者复合而成的.但推广到复数时,复

初等函数存在一些不同之处.如指数函数的周期性;对数函数的无穷多值性;正弦函数、余弦函数的无界性,尤其在多值的情况下,我们运用时需特别注意.下面介绍一些初等函数并研究其解析性.

2.3.1 指数函数

定义 2-5 对于复数 $z=x+iy$,称

$$w=f(z)=e^{z}=\exp z=e^{x}(\cos y+i\sin y)$$

为**指数函数**.

当 $x=0$ 时,对于任意的实数 y,有

$$e^{iy}=\cos y+i\sin y,$$

我们称之为**欧拉(Euler)**公式.

当 $y=0$ 时,$e^{z}=e^{x}$,其实就是实变量的指数函数 e^{x}.

指数函数的性质

复指数函数的性质有些与实指数函数相似,但有些也不相同,下面介绍复指数函数的主要性质.

(1)根据指数函数的定义及欧拉公式可知,$e^{z}=e^{x+iy}=e^{x}e^{iy}$,所以

$$|e^{z}|=e^{x},\mathrm{Arg}(e^{z})=y+2k\pi,k=0,\pm1,\pm2,\cdots.$$

由于 $e^{x}\neq0$,所以 $e^{z}\neq0$.

(2)考察指数的运算法则,设

$$z_1=x_1+iy_1,z_2=x_2+iy_2.$$

由定义有

$$\begin{aligned}e^{z1}\cdot e^{z2}&=e^{x1}(\cos y_1+i\sin y_1)\cdot e^{x2}(\cos y_2+i\sin y_2)\\&=e^{x1+x2}[\cos(y_1+y_2)+i\sin(y_1+y_2)]\\&=e^{z1+z2},\end{aligned}$$

即有,$e^{z1}e^{z2}=e^{z1+z2}$.类似的,可得$\dfrac{e^{z1}}{e^{z2}}=e^{z1-z2}$.

(3)从欧拉公式可知,对于任意整数 k 有,

$$e^{2k\pi i}=\cos(2k\pi)+i\sin(2k\pi)=1.$$

再由指数的运算法则,可得

$$e^{z+2k\pi i}=e^{z}e^{2k\pi i}=e^{z}.$$

因此 e^{z} 是以 $2k\pi i(k=\pm1,\pm2,\cdots)$为周期的周期函数,这个性质是实变量的指数函数所没有的.

(4)复变量指数函数 e^z,当 z 趋向于∞时没有极限.

因为,当 z 沿实轴正向趋向于∞时,有

$$\lim_{\substack{z\to\infty \\ z=x>0}} e^z=\lim_{x\to+\infty} e^x=+\infty;$$

当 z 沿实轴负向趋向于∞时,有

$$\lim_{\substack{z\to\infty \\ z=x<0}} e^z=\lim_{x\to-\infty} e^x=0.$$

【例 2-9】 计算 $e^{-3+\frac{\pi}{4}i}$的值.

解 根据指数函数的定义可得

$$e^{-3+\frac{\pi}{4}i}=e^{-3}\left(\cos\frac{\pi}{4}+i\sin\frac{\pi}{4}\right)$$
$$=e^{-3}\left(\frac{\sqrt{2}}{2}+i\frac{\sqrt{2}}{2}\right).$$

【例 2-10】 利用复数的指数表示计算$\left(\frac{-2+i}{1+2i}\right)^{\frac{1}{3}}$的值.

解 因为

$$\left(\frac{-2+i}{1+2i}\right)^{\frac{1}{3}}=\left(\frac{\sqrt{5}\,e^{i(\pi-\arctan\frac{1}{2})}}{\sqrt{5}\,e^{i\arctan 2}}\right)^{\frac{1}{3}}$$
$$=\left(e^{i(\pi-\arctan\frac{1}{2}-\arctan 2)}\right)^{\frac{1}{3}}$$
$$=e^{\frac{1}{3}i(\frac{\pi}{2}+2k\pi)},\quad k=0,1,2.$$

于是,所求之值有 3 个,即

$$e^{\frac{\pi}{6}i}=\frac{\sqrt{3}}{2}+\frac{1}{2}i,e^{\frac{5\pi}{6}i}=-\frac{\sqrt{3}}{2}+\frac{1}{2}i,e^{-\frac{\pi}{2}i}=-i.$$

2.3.2 对数函数

定义 2-6 复变量的对数函数定义为指数函数的反函数,即满足方程 $z=e^w(z\neq0)$的函数 $w=f(z)$称为**对数函数**,记为 $w=\mathrm{Ln}z$.

令 $w=u+iv,z=re^{i\theta}$,于是方程 $z=e^w$ 变为

$$e^{u+iv}=re^{i\theta},$$

从而

$$e^u=r,v=\theta+2k\pi\quad(k=0,\pm1,\pm2,\cdots).$$

可得

$$u=\ln r,v=\theta+2k\pi\quad(k=0,\pm1,\pm2,\cdots).$$

这里 u 是单值的，而 v 有无穷多个值，由于 $r=|z|$，θ 是 z 的主辐角，从而 $v=\mathrm{Arg}z$.故

$$w=\mathrm{Ln}z=\ln|z|+i\,\mathrm{Arg}z,\ z\neq 0.$$

其中 $\ln|z|$ 是正数 $|z|$ 的自然对数，由于 $\mathrm{Arg}z$ 为多值函数，所以对数函数 $w=\mathrm{Ln}z$ 为多值函数.如果规定 $\mathrm{Arg}z$ 取主值 $\arg z$，就得到了 $\mathrm{Ln}z$ 的一个单值"分支"，记作 $\ln z$，称为 $\mathrm{Ln}z$ 的**主值**.这样，我们就有

$$\ln z=\ln|z|+i\arg z,\ z\neq 0.$$

而其余各值可由下式表达

$$\mathrm{Ln}z=\ln z+2k\pi i\quad (k=\pm 1,\pm 2,\cdots),$$

对于每一个固定的 k，上式为一单值函数，称为 $\mathrm{Ln}z$ 的一个分支.

特别地，当 $z=x>0$ 时，$\mathrm{Ln}z$ 的主值 $\ln z=\ln x$，就是实变量对数函数.

【例 2-11】 求 $\mathrm{Ln}(-1)$ 及其主值 $\ln(-1)$.

解 因为 $|-1|=1$，$\arg(-1)=\pi$，从而

$$\begin{aligned}\mathrm{Ln}(-1)&=\ln 1+i(\pi+2k\pi)\\&=(2k+1)\pi i,\quad k=0,\pm 1,\pm 2,\cdots;\end{aligned}$$

其主值

$$\ln(-1)=\ln 1+i\cdot\pi=\pi i.$$

【例 2-12】 求 $\mathrm{Ln}(-2+3i)$ 及其主值 $\ln(-2+3i)$.

解 因为 $|-2+3i|=\sqrt{13}$，$\arg(-2+3i)=\pi-\arctan\dfrac{3}{2}$，从而

$$\begin{aligned}\mathrm{Ln}(-2+3i)&=\ln\sqrt{13}+i\left(\pi-\arctan\frac{3}{2}+2k\pi\right)\\&=\frac{1}{2}\ln 13+i\left(\pi-\arctan\frac{3}{2}+2k\pi\right),\quad k=0,\pm 1,\pm 2,\cdots;\end{aligned}$$

其主值

$$\ln(-2+3i)=\frac{1}{2}\ln 13+i\left(\pi-\arctan\frac{3}{2}\right).$$

【例 2-13】 解方程 $e^{2z}-1-\sqrt{3}i=0$.

解 因为 $e^{2z}=1+\sqrt{3}i$，等式两边同时取对数，$2z=\mathrm{Ln}(1+\sqrt{3}i)$.又

$$\mathrm{Ln}(1+\sqrt{3}i)=\ln 2+i\left(2k\pi+\frac{\pi}{3}\right),\quad (k=0,\pm 1,\pm 2,\cdots),$$

所以

$$z=\frac{1}{2}\ln 2+i\left(k\pi+\frac{\pi}{6}\right),\quad (k=0,\pm1,\pm2,\cdots).$$

对数函数的性质

(1)运算性

$$\mathrm{Ln}(z_1\cdot z_2)=\mathrm{Ln}z_1+\mathrm{Ln}z_2,$$

$$\mathrm{Ln}\left(\frac{z_1}{z_2}\right)=\mathrm{Ln}z_1-\mathrm{Ln}z_2,$$

这两个等式与实变量对数函数的性质相同.但应当注意的是,以上两个等式只在多值的情况下成立.然而 $\mathrm{Ln}z^n=n\mathrm{Ln}z$ 不再成立,其中 n 为大于1的正整数.

(2)解析性

就其主值 $w=\ln z=\ln|z|+i\arg z$ 而言,$\ln|z|$ 是实对数函数,因此除 $z=0$ 外处处连续.而 $\arg z$ 在 $z=0$ 及负实轴上均不连续,因为首先在原点处 $\arg z$ 没有定义,其次在负实轴上,设 $z=x+iy$,当 $x<0$ 时,$\lim\limits_{y\to0^-}\arg z=-\pi$,$\lim\limits_{y\to0^+}\arg z=\pi$,所以 $\lim\limits_{z\to x}\arg z$ 不存在,因而 $\arg z$ 不连续.另外 $z=e^w$ 的反函数 $w=\ln z$ 是单值的,由反函数的求导法则可知

$$\frac{d(\ln z)}{dz}=\frac{1}{\frac{de^w}{dw}}=\frac{1}{z}.$$

故 $\mathrm{Ln}z$ 的主值 $\ln z$ 在除原点及负实轴外的复平面内处处解析.

又由于 $\mathrm{Ln}z$ 的每一个单值分支和 $\ln z$ 只相差 $2\pi i$ 的整数倍,因此 $\mathrm{Ln}z$ 也在除原点及负实轴外的复平面内处处解析.

2.3.3 幂函数

定义 2-7 函数 $w=z^\alpha=e^{\alpha\mathrm{Ln}z}$($z\neq0$,$\alpha$ 为复常数)称为复变量为 z 的幂函数.

规定:当 α 为正实数且 $z=0$ 时,$z^\alpha=0$.

当 $\alpha=n$(n 是正整数)时

$$w=z^n=e^{n\mathrm{Ln}z}=e^{n[\ln|z|+i(\arg z+2k\pi)]}=|z|^n e^{in\arg z}$$

是一个单值函数;

当 $\alpha=\frac{1}{n}$(n 是正整数)时

$$z^{\frac{1}{n}}=e^{\frac{1}{n}\mathrm{Ln}z}=e^{\frac{1}{n}[\ln|z|+i(\arg z+2k\pi)]}=|z|^{\frac{1}{n}}e^{\frac{i(\arg z+2k\pi)}{n}},\quad k=0,1,\cdots,n-1$$

是一个 n 值函数;

当 $\alpha=0$ 时，$z^0=e^{0\mathrm{Ln}z}=e^0=1$；

当 α 是有理数 $\frac{p}{q}$（p 与 q 为互质整数，$q>0$）时，

$$z^{\frac{p}{q}}=e^{\frac{p}{q}\mathrm{Ln}z}=e^{\frac{p}{q}[\ln|z|+i(\arg z+2k\pi)]}=|z|^{\frac{p}{q}}e^{\frac{ip(\arg z+2k\pi)}{q}},\quad k=0,1,\cdots,q-1$$

即当 $k=0,1,\cdots,q-1$ 时能取到 q 个不同的值，所以 $z^{\frac{p}{q}}$ 是 q 值函数，有 q 个不同的分支.

当 α 是无理数或复数（虚部不为零）时，易知 $z^{\alpha}=e^{\alpha\mathrm{Ln}z}$ 是无穷多值函数. 例如，

$$i^i=e^{i\mathrm{Ln}i}=e^{i[\ln|i|+i(\arg i+2k\pi)]}=e^{-(\frac{\pi}{2}+2k\pi)},\quad k=0,\pm1,\pm2,\cdots.$$

由于对数函数 Lnz 是多值函数，所以 $e^{\alpha\mathrm{Ln}z}$ 一般也是多值函数. 根据前面讨论可知，Lnz 的各个分支在除去原点和负实轴的复平面内是解析的，从而不难知道幂函数 $w=z^{\alpha}$ 的相应分支也在除去原点和负实轴的复平面内是解析的.

【例 2-14】 计算 $(1+i)^{1-i}$ 的值.

解 $(1+i)^{1-i}=e^{(1-i)\mathrm{Ln}(1+i)}=e^{(1-i)(\ln\sqrt{2}+\frac{\pi}{4}i+2k\pi i)}$

$$=e^{\ln\sqrt{2}+\frac{\pi}{4}+2k\pi}\cdot e^{i(\frac{\pi}{4}+2k\pi-\ln\sqrt{2})}$$

$$=e^{\ln\sqrt{2}+\frac{\pi}{4}+2k\pi}\left[\cos\left(\frac{\pi}{4}-\frac{1}{2}\ln2\right)+i\sin\left(\frac{\pi}{4}-\frac{1}{2}\ln2\right)\right],\quad k=0,\pm1,\pm2,\cdots.$$

2.3.4 三角函数

定义 2-8 设 z 为任一复变量，函数 $\frac{e^{iz}-e^{-iz}}{2i}$ 与 $\frac{e^{iz}+e^{-iz}}{2}$ 分别称为复变量 z 的**正弦函数**和**余弦函数**，记为 $\sin z$ 与 $\cos z$，即

$$\sin z=\frac{e^{iz}-e^{-iz}}{2i},\cos z=\frac{e^{iz}+e^{-iz}}{2}.$$

正弦函数和余弦函数的性质

(1) $\sin z$ 和 $\cos z$ 均为单值函数.

(2) $\sin z$ 和 $\cos z$ 均是以 2π 为周期的周期函数.

(3) $\sin z$ 为奇函数，$\cos z$ 为偶函数.

(4) $\sin^2 z+\cos^2 z=1$.

(5) $\sin(z_1\pm z_2)=\sin z_1\cos z_2\pm\cos z_1\sin z_2$，

$$\cos(z_1 \pm z_2)=\cos z_1 \cos z_2 \mp \sin z_1 \sin z_2.$$

就以上性质而言,复变量的三角函数与实变量的三角函数是类似的.

(6) $\sin z$ 和 $\cos z$ 都是无界的.

在实数域内成立的不等式 $|\sin x| \leqslant 1$ 及 $|\cos x| \leqslant 1$,在复数域内不再成立.例如,当 $z=i$ 时,$|\sin i|=\left|\dfrac{e^{-1}-e}{2i}\right|>1$.

(7) $\sin^2 z$ 及 $\cos^2 z$ 不总是非负的,也有可能取任意负数值.例如,取 $z=2i$,

$$\sin^2 z=\sin^2(2i)=\left[\frac{e^{-2}-e^2}{2i}\right]^2=-\frac{(e^{-2}-e^2)^2}{4}<0$$

是一个负数.

(8)解析性.

$\sin z$ 和 $\cos z$ 都是复平面上的解析函数,且 $(\sin z)'=\cos z$,$(\cos z)'=-\sin z$.

其他的复变量三角函数,我们可以通过 $\sin z$、$\cos z$ 来定义,如下:

$$\tan z=\frac{\sin z}{\cos z},\cot z=\frac{\cos z}{\sin z},\sec z=\frac{1}{\cos z},\csc z=\frac{1}{\sin z}.$$

【例 2-15】 求 $\cos(1+i)$ 的值.

解 由定义得

$$\begin{aligned}\cos(1+i)&=\frac{e^{i(1+i)}+e^{-i(1+i)}}{2}=\frac{e^{-1+i}+e^{1-i}}{2}\\&=\frac{1}{2}[e^{-1}(\cos 1+i\sin 1)+e(\cos 1-i\sin 1)]\\&=\frac{e^{-1}+e}{2}\cos 1+i\,\frac{e^{-1}-e}{2}\sin 1.\end{aligned}$$

【例 2-16】 求解方程 $\sin z=\cos z$.

解 由定义可得,$\dfrac{e^{iz}-e^{-iz}}{2i}=\dfrac{e^{iz}+e^{-iz}}{2}$,即

$$e^{2iz}-1=i(e^{2iz}+1),$$

从而 $e^{2iz}=\dfrac{1+i}{1-i}=i$.所以

$$\begin{aligned}2iz&=\mathrm{Ln}i=\ln|i|+i[\arg(i)+2k\pi]\\&=i\left(\frac{\pi}{2}+2k\pi\right),\quad k\text{ 为整数}\end{aligned}$$

故 $z=\dfrac{\pi}{4}+k\pi$,k 为整数.

2.3.5 反三角函数

反三角函数作为三角函数的反函数定义如下：

定义 2-9 设 $\cos w=z$，则 w 称为复变量 z 的**反余弦函数**，记作 $\mathrm{Arccos}z$，即$w=\mathrm{Arccos}z$.

将 $z=\cos w=\dfrac{e^{iw}+e^{-iw}}{2}$两端同时乘以 $2e^{iw}$，可得

$$(e^{iw})^2-2ze^{iw}+1=0,$$

于是 $e^{iw}=z+\sqrt{z^2-1}$.再由对数函数的定义可得

$$w=-i\mathrm{Ln}(z+\sqrt{z^2-1}),$$

根据对数函数的性质可知，反余弦函数 $w=\mathrm{Arccos}z$ 也是多值函数.

同样可以定义复变量为 z 的反正弦函数 $\mathrm{Arcsin}z$ 及反正切函数 $\mathrm{Arctan}z$，并且它们与对数函数的关系如下：

$$\mathrm{Arcsin}z=-i\mathrm{Ln}(iz+\sqrt{1-z^2}),\ \mathrm{Arctan}z=\frac{i}{2}\mathrm{Ln}\,\frac{i+z}{i-z}=-\frac{i}{2}\mathrm{Ln}\,\frac{1+iz}{1-iz},$$

它们均是多值函数.

【例 2-17】 求 $\mathrm{Arctan}(1+2i)$的值.

解
$$\begin{aligned}\mathrm{Arctan}(1+2i)&=-\frac{i}{2}\mathrm{Ln}\,\frac{1+i(1+2i)}{1-i(1+2i)}=-\frac{i}{2}\mathrm{Ln}\,\frac{-2+i}{5}\\&=-\frac{i}{2}\left[\ln\sqrt{\frac{1}{5}}+i\left(\pi-\arctan\frac{1}{2}+2k\pi\right)\right]\\&=\left(\frac{1}{2}+k\right)\pi-\frac{1}{2}\arctan\frac{1}{2}-\frac{i}{4}\ln\frac{1}{5},\ k=0,\pm1,\pm2,\cdots.\end{aligned}$$

2.3.6 双曲函数和反双曲函数

将实变量双曲函数的定义推广到复变量上来，复变量的双曲正弦函数、双曲余弦函数、双曲正切函数及双曲余切函数定义如下.

定义 2-10 设 z 为一复变量

$$\mathrm{sh}z=\frac{e^z-e^{-z}}{2},\ \mathrm{ch}z=\frac{e^z+e^{-z}}{2},$$

$$\mathrm{th}z=\frac{e^z-e^{-z}}{e^z+e^{-z}},\ \mathrm{cth}z=\frac{e^z+e^{-z}}{e^z-e^{-z}},$$

分别称作 z 的**双曲正弦函数**、**双曲余弦函数**、**双曲正切函数**及**双曲余切函数**.

双曲函数与三角函数之间有如下关系：

$$\mathrm{sh}z=-i\sin iz,\mathrm{ch}z=\cos iz,$$

$$\mathrm{th}z=-i\tan iz,\mathrm{cth}z=i\cot iz,$$

由此可知双曲函数是单值的且是以虚数 $2\pi i$ 为周期的周期函数.另外，$\mathrm{sh}z$ 为奇函数，$\mathrm{ch}z$ 为偶函数，均在复平面内解析，且

$$(\mathrm{sh}z)'=\mathrm{ch}z,(\mathrm{ch}z)'=\mathrm{sh}z.$$

由于双曲函数的周期性，可知它们的反函数均是多值的，相应的反双曲函数如下：

反双曲正弦函数 $\mathrm{Arsh}z=\mathrm{Ln}(z+\sqrt{z^2+1})$，

反双曲余弦函数 $\mathrm{Arch}z=\mathrm{Ln}(z+\sqrt{z^2-1})$，

反双曲正切函数 $\mathrm{Arth}z=\dfrac{1}{2}\mathrm{Ln}\,\dfrac{1+z}{1-z}$，

反双曲余切函数 $\mathrm{Arcth}z=\dfrac{1}{2}\mathrm{Ln}\,\dfrac{z+1}{z-1}$.

习题 2-3

1.求下列各式的值.

(1) $\cos i$；　(2) $\mathrm{Ln}(-3+4i)$；

(3) $(1-i)^{1+i}$；　(4) 3^{3-i}.

2.求解下列方程.

(1) $e^z=1+\sqrt{3}\,i$；　(2) $\ln z=\dfrac{\pi i}{2}$；

(3) $\sin z+\cos z=0$；　(4) $\sin z=i\,\mathrm{sh}1$.

3.由于 $\mathrm{Ln}z$ 为多值函数，指出下列各式存在的错误.

(1) $\mathrm{Ln}z^2=2\mathrm{Ln}z$；

(2) $\mathrm{Ln}1=\mathrm{Ln}\,\dfrac{z}{z}=\mathrm{Ln}z-\mathrm{Ln}z=0$.

4.证明下列各式.

(1) $\sin^2 z+\cos^2 z=1$；

(2) $\sin 2z=2\sin z\cos z$；

(3) $\sin\left(\dfrac{\pi}{2}-z\right)=\cos z$；

(4) $|\sin z|^2=\sin^2 x+\mathrm{sh}^2 y$.

第 3 章 复变函数的积分

复变函数的积分是研究解析函数的一个重要工具，解析函数的许多重要性质都是通过复积分来证明的.本章首先引入复积分的基本概念及其计算方法，然后介绍柯西-古萨定理及其推广——复合闭路定理.在此基础上，得到柯西积分公式和高阶导数公式.其中，柯西-古萨定理和柯西积分公式是复变函数的基本定理和公式，以后的学习均直接或间接与它们有关.本章内容与实变量二元函数有紧密联系，希望读者能结合本章的学习适当复习高等数学的相关知识.

3.1 复积分的概念

3.1.1 复积分的定义与计算

定义 3-1 设 C 为平面上一条给定的光滑(或者按段光滑)曲线，如果选定 C 的两个可能方向中的一个作为正方向(或者正向)，那么我们把 C 理解为带有方向的曲线，称为**有向曲线**.

定义 3-2 设函数 $f(z)=u(x,y)+iv(x,y)$ 定义在区域 D 内，C 为区域 D 内以 A 为起点 B 为终点的一条光滑的有向曲线(图 3-1).把曲线 C 任意分成 n 个弧段，设分点为 $A=z_0,z_1,z_2,\cdots,z_{k-1},z_k,\cdots,z_n=B$，其中 $z_k=x_k+iy_k$ $(k=0,1,2,\cdots,n)$，在每个弧段 $z_{k-1}z_k$ 上任意取一点 $\zeta_k=\xi_k+i\eta_k$，并作和式

$$S_n=\sum_{k=1}^{n}f(\zeta_k)(z_k-z_{k-1})=\sum_{k=1}^{n}f(\zeta_k)\Delta z_k, \tag{3-1}$$

其中

$$\Delta z_k=z_k-z_{k-1}=\Delta x_k+i\Delta y_k.$$

设 $\lambda=\max\limits_{1\leqslant k\leqslant n}|\Delta z_k|$，当 n 无限增加，即 $\lambda\to 0$ 时，如果不论对 C 的分法及 ζ_k 的取法如何，式(3-1)中 S_n 的极限总存在，那么我们称这个极限值为函数 $f(z)$

沿曲线C自A到B的**复积分**.记作

$$\int_C f(z)\mathrm{d}z=\lim_{\lambda\to 0}\sum_{k=1}^{n}f(\zeta_k)\Delta z_k. \quad (3\text{-}2)$$

函数沿曲线C的负方向(即自B到A)的积分则记作$\int_{C^-}f(z)\mathrm{d}z$;如果曲线$C$为闭曲线,那么沿此闭曲线的积分记作$\oint_C f(z)\mathrm{d}z$($C$的正向为逆时针方向).当曲线$C$在$x$轴上的区间为$a\leqslant x\leqslant b$,而$f(z)=u(x)$时,则这个积分定义就是一元实变量函数定积分的定义.

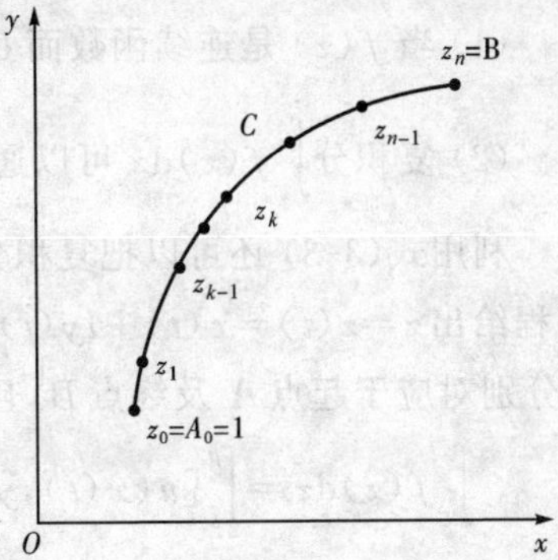

图 3-1

下面定理给出了复积分存在的条件及计算方法.

定理 3-1 设$f(z)=u(x,y)+iv(x,y)$在光滑曲线C上连续,则复积分$\int_C f(z)\mathrm{d}z$存在,而且可以表示为

$$\int_C f(z)\mathrm{d}z=\int_C u(x,y)\mathrm{d}x-v(x,y)\mathrm{d}y+i\int_C v(x,y)\mathrm{d}x+u(x,y)\mathrm{d}y. \quad (3\text{-}3)$$

证明 由$f(z)=u(x,y)+iv(x,y)$在C上连续,那么$u(x,y)$及$v(x,y)$均在C上连续.设$\zeta_k=\xi_k+i\eta_k$,由于$\Delta z_k=\Delta x_k+i\Delta y_k$,所以

$$\begin{aligned}\sum_{k=1}^{n}f(\zeta_k)\Delta z_k&=\sum_{k=1}^{n}[u(\xi_k,\eta_k)+iv(\xi_k,\eta_k)](\Delta x_k+i\Delta y_k)\\&=\sum_{k=1}^{n}[u(\xi_k,\eta_k)\Delta x_k-v(\xi_k,\eta_k)\Delta y_k]+\\&\quad i\sum_{k=1}^{n}[v(\xi_k,\eta_k)\Delta x_k+u(\xi_k,\eta_k)\Delta y_k].\end{aligned}$$

由于u、v都是连续函数,根据线积分的存在定理,我们知道当$\lambda\to 0$时,有$\max\limits_{1\leqslant k\leqslant n}|\Delta x_k|\to 0$及$\max\limits_{1\leqslant k\leqslant n}|\Delta y_k|\to 0$.于是上式右端的两个和式的极限都是存在的,因此

$$\int_C f(z)\mathrm{d}z=\int_C u\mathrm{d}x-v\mathrm{d}y+i\int_C v\mathrm{d}x+u\mathrm{d}y.$$

即式(3-3)成立.

定理 3-1 说明了两个问题:

(1) 当 $f(z)$ 是连续函数而 C 是光滑曲线时，积分 $\int_C f(z)\mathrm{d}z$ 是一定存在的.

(2) 复积分 $\int_C f(z)\mathrm{d}z$ 可以通过两个二元实变函数的线积分来计算.

利用式(3-3)还可以把复积分转化为普通的定积分，设光滑曲线 C 由参数方程给出 $z=z(t)=x(t)+iy(t)$，$\alpha\leqslant t\leqslant\beta$，正方向为参数增加的方向，参数 α、β 分别对应于起点 A 及终点 B，且 $z'(t)\neq 0$.则

$$\begin{aligned}\int_C f(z)\mathrm{d}z&=\int_\alpha^\beta[u(x(t),y(t))x'(t)-v(x(t),y(t))y'(t)]\mathrm{d}t+\\&\quad i\int_\alpha^\beta[v(x(t),y(t))x'(t)+u(x(t),y(t))y'(t)]\mathrm{d}t\\&=\int_\alpha^\beta[u(x(t),y(t))+iv(x(t),y(t))][x'(t)+iy'(t)]\mathrm{d}t\\&=\int_\alpha^\beta f[z(t)]z'(t)\mathrm{d}t.\end{aligned}\tag{3-4}$$

【例 3-1】 计算 $\int_C \overline{z}\mathrm{d}z$，其中 C(图 3-2)是

(1) 从原点到点 $z_0=1+i$ 的直线段 C_1.

(2) 从原点到点 $z_1=1$ 的直线段 C_2，再从 z_1 到 $z_0=1+i$ 的直线段 C_3 所连结而成的折线段. $C=C_2+C_3$.

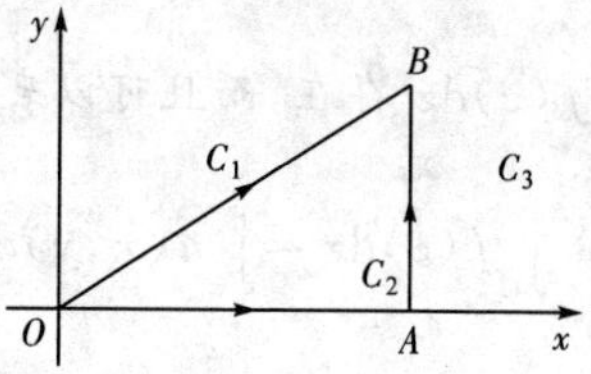

图 3-2

解 (1)$C_1:z_1(t)=(1+i)t$，$(0\leqslant t\leqslant 1)$，依照式(3-4)有

$$\begin{aligned}\int_C \overline{z}\mathrm{d}z&=\int_0^1 t(1-i)(1+i)\mathrm{d}t\\&=(1-i^2)\int_0^1 t\,\mathrm{d}t=1.\end{aligned}$$

(2)$C_2:z_2(t)=t$，$(0\leqslant t\leqslant 1)$，$C_3:z_3(t)=1+it$，$(0\leqslant t\leqslant 1)$，则有

$$\begin{aligned}\int_C \overline{z}\mathrm{d}z&=\int_{C_2}\overline{z}\mathrm{d}z+\int_{C_3}\overline{z}\mathrm{d}z\\&=\int_0^1 t\,\mathrm{d}t+\int_0^1(1-it)i\,\mathrm{d}t=1+i.\end{aligned}$$

【例 3-2】 计算 $\int_C z^2\mathrm{d}z$，其中 C 是

(1) 从原点到点 $z_0=3+i$ 的直线段 C_1；

(2) 从原点到点 $z_1=3$ 的直线段 C_2，再从 z_1 到 $z_0=3+i$ 的直线段 C_3 所连结而成的折线段. $C=C_2+C_3$.

解 (1)$C_1: z_1(t)=(3+i)t,(0\leqslant t\leqslant 1)$,$dz=(3+i)dt$,依照式(3-4)有

$$\int_C z^2 dz=\int_0^1 t^2(3+i)^2(3+i)dt$$
$$=(3+i^3)^3\int_0^1 t^2 dt=\frac{1}{3}(3+i)^3.$$

(2)$C_2: z_2(t)=3t,(0\leqslant t\leqslant 1)$,$C_3: z_3(t)=3+it,(0\leqslant t\leqslant 1)$,则有

$$\int_C z^2 dz=\int_{C_2} z^2 dz+\int_{C_3} z^2 dz$$
$$=\int_0^1 9t^2\cdot 3dt+\int_0^1(3+it)^2 i dt$$
$$=27\int_0^1 t^2 dt+\int_0^1(3+it)^2 d(3+it)=\frac{1}{3}(3+i)^3.$$

【例 3-3】 计算$\oint_C \frac{dz}{(z-z_0)^{n+1}}$,其中 C 是以 z_0 为中心,r 为半径的正向圆周,n 为整数.

解 圆周的参数方程为

$$\begin{cases}x=x_0+r\cos\theta\\ y=y_0+r\sin\theta\end{cases},0\leqslant\theta\leqslant 2\pi,$$

其复数形式的参数方程可写成

$$z=(x_0+iy_0)+r(\cos\theta+i\sin\theta)$$
$$=z_0+re^{i\theta},0\leqslant\theta\leqslant 2\pi.$$

根据式(3-4)得

$$\oint_C \frac{dz}{(z-z_0)^{n+1}}=\int_0^{2\pi}\frac{ire^{i\theta}d\theta}{r^{n+1}e^{i(n+1)\theta}}=\int_0^{2\pi}\frac{i}{r^n e^{in\theta}}d\theta$$
$$=\frac{i}{r^n}\int_0^{2\pi}e^{-in\theta}d\theta=\begin{cases}2\pi i, & n=0\\ 0, & n\neq 0\end{cases}.$$

这是一个非常重要的结果,特别是 $n=0$ 的情况,以后会多次用到.我们要注意,这个积分结果与 r 和 z_0 无关.

3.1.2 复积分的基本性质

根据复积分的定义可知,复积分具有以下性质.

设积分$\int_C f(z)dz$ 和$\int_C g(z)dz$ 都存在.

(1) $\int_C f(z)\mathrm{d}z = -\int_{C^-} f(z)\mathrm{d}z$ (C 与 C^- 方向相反);

(2) $\int_C kf(z)\mathrm{d}z = k\int_C f(z)\mathrm{d}z$, ($k$ 为复常数);

(3) $\int_C [f(z) \pm g(z)]\mathrm{d}z = \int_C f(z)\mathrm{d}z \pm \int_C g(z)\mathrm{d}z$;

(4) $\int_C g(z)\mathrm{d}z = \int_{C_1} g(z)\mathrm{d}z + \int_{C_2} g(z)\mathrm{d}z$,其中 $C = C_1 + C_2$;

(5) $\left|\int_C f(z)\mathrm{d}z\right| \leqslant \int_C |f(z)| \mathrm{d}s \leqslant ML$.(其中,$M$ 为 $|f(z)|$ 的最大值,L 为C 的周长) (3-5)

性质(1) 到性质(4) 显然是成立的.对于性质(5),由

$$\left|\sum_{k=1}^{n} f(\zeta_k)\Delta z_k\right| \leqslant \sum_{k=1}^{n} |f(\zeta_k)| |\Delta z_k| \leqslant \sum_{k=1}^{n} |f(\zeta_k)| \Delta s_k \leqslant M\sum_{k=1}^{n} \Delta s_k \leqslant ML,$$

对上面的不等式取极限可得.我们称式(3-5) 为**估值不等式**.

【例 3-4】 试证 $\left|\int_C \frac{1}{z-i}\mathrm{d}z\right| \leqslant \frac{25}{3}$,$C$ 为从原点到点 $3+4i$ 的直线段.

解 由题意容易得到 $\int_C \mathrm{d}s = 5$,且

$$\left|\frac{1}{z-i}\right| = \left|\frac{1}{3t+(4t-1)i}\right| = \left|\frac{1}{\sqrt{25t^2-8t+1}}\right| \leqslant \frac{5}{3},$$

由式(3-5) 可得

$$\left|\int_C \frac{1}{z-i}\mathrm{d}z\right| \leqslant \frac{25}{3}.$$

习题 3-1

1.计算 $\int_C [(x-y)+ix^2]\mathrm{d}z$,其中积分路径 C 是

(1) 从原点到点 $1+i$ 的直线段;

(2) 从原点沿实轴到 1,再由 1 铅直向上至点 $1+i$ 的折线段;

(3) 从原点沿虚轴到 i,再由 i 沿水平方向向右至点 $1+i$ 的折线段.

2.计算积分 $I = \oint_C \frac{\bar{z}}{|z|}\mathrm{d}z$ 的值,其中 C 是

(1) $|z| = 2$; (2) $|z| = 4$.

3.求证：$\left|\int_C \frac{1}{z^2}\mathrm{d}z\right| \leqslant \frac{\pi}{4}$，其中 C 是从 $1-i$ 到 1 的直线段.

3.2 柯西积分定理

曲线积分定义之后，我们会联想到高等数学中有曲线积分与积分路径无关的结论，也就是函数沿闭曲线积分为零之说.于是存在一个重要的问题：对于复变函数，它沿闭曲线的积分是否可以为零？由于复变函数积分可以转化为实函数的曲线积分，自然可以归结为曲线积分与路径无关的问题.法国数学家柯西(Cauchy)于1825年对上述问题做了肯定的回答，给出了如下的柯西积分定理，它是复变函数论的理论基础.

定理3-2(**柯西积分定理**)　设 $f(z)$ 是单连通域 D 上的解析函数，那么函数 $f(z)$ 沿 D 内任意一条简单封闭曲线 C 的积分为零，即

$$\oint_C f(z)\mathrm{d}z=0.$$

证明　由于 $f(z)=u(x,y)+iv(x,y)$ 在区域 D 内处处解析，可知 $f'(z)$ 存在.下面在 $f'(z)$ 连续的假设下证明定理结论(完整的证明较难，此处从略).因为 $u(x,y)$ 与 $v(x,y)$ 以及它们的一阶偏导数均在 D 内连续，且满足 $u_x=v_y$，$v_x=-u_y$.应用格林公式得

$$\oint_C u\mathrm{d}x-v\mathrm{d}y=\iint_G(-v_x-u_y)\mathrm{d}x\mathrm{d}y=0,$$

$$\oint_C v\mathrm{d}x+u\mathrm{d}y=\iint_G(u_x-v_y)\mathrm{d}x\mathrm{d}y=0,$$

其中 G 是由简单封闭曲线 C 所围成的区域.

根据定理3-1知

$$\oint_C f(z)\mathrm{d}z=\oint_C u\mathrm{d}x-v\mathrm{d}y+i\oint_C v\mathrm{d}x+u\mathrm{d}y,$$

其中 C 为 D 内任意一条简单闭曲线(曲线 C 为正向).所以

$$\oint_C f(z)\mathrm{d}z=0.$$

1900年法国数学家古萨(Coursat)发表了上述定理证明的另外一种方法，这个方法不需要假设 $f'(z)$ 连续，但证明过程且长较复杂，这时人们称柯西积分定理为**柯西－古萨定理**.

定理3-3　设函数在单连通区域 D 内解析，z_0 与 z_1 为 D 内任意两点，C_1 与

C_2 是连接 z_0 与 z_1 的两条积分路径，且 C_1 与 C_2 都含于 D 内(图 3-3)，则

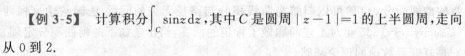

$$\int_{C_1} f(z)\mathrm{d}z = \int_{C_2} f(z)\mathrm{d}z,$$

即当函数 $f(z)$ 在 D 内解析时，积分与路径无关，其仅与积分路径的起点和终点有关.

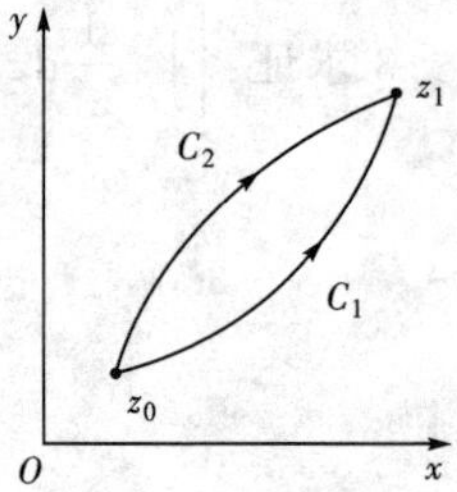

图 3-3

证明 根据积分性质及柯西积分定理得

$$\int_{C_1} f(z)\mathrm{d}z - \int_{C_2} f(z)\mathrm{d}z = \oint_{C_1+C_2^-} f(z)\mathrm{d}z = 0,$$

所以定理结论成立.

【例 3-5】 计算积分 $\int_C \sin z\,\mathrm{d}z$，其中 C 是圆周 $|z-1|=1$ 的上半圆周，走向从 0 到 2.

解 由于 $\sin z$ 在复平面上处处解析，根据柯西积分定理可知，其积分值与路径无关，于是路线可以更换成 C_1，取为沿实轴从 0 到 2.从而

$$\int_C f(z)\mathrm{d}z = \int_{C_1} f(z)\mathrm{d}z = \int_0^2 \sin x\,\mathrm{d}x = 1-\cos 2.$$

多连通区域是我们经常遇到的区域，以下我们将柯西积分定理推广到多连通区域上.

定理 3-4(闭路变形原理) 设 C_1、C_2 为任意两条简单闭曲线(正方向均为逆时针方向)，C_2 在 C_1 的内部.函数 $f(z)$ 在 C_1、C_2 所围成的二连域 D 内解析，且在 $\overline{D}=D+C_1+C_2^-$ 上连续(图 3-4)，则有

$$\oint_{C_1} f(z)\mathrm{d}z = \oint_{C_2} f(z)\mathrm{d}z. \tag{3-6}$$

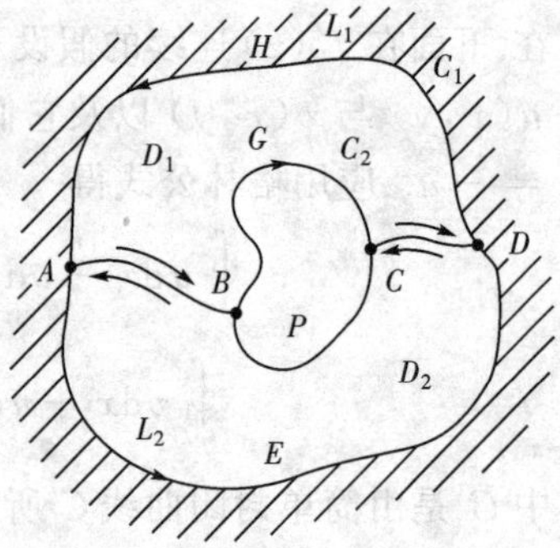

图 3-4

证明 在 D 内作简单光滑弧 AB 与 CD，连接 C_1 和 C_2，将 D 分成两个单连通区域 D_1 和 D_2.其中 D_1 是以 $ABGCDHA$ 为边界，记作 L_1；D_2 是以 $AEDCPBA$ 为边界，记作 L_2.根据定理的条件，函数 $f(z)$ 在 D_1 和 D_2 内解析，且在 $\overline{D_1}$ 和 $\overline{D_2}$ 上连续，由柯西积分定理得

$$\oint_{L_1} f(z)\mathrm{d}z = 0, \oint_{L_2} f(z)\mathrm{d}z = 0.$$

又由于

$$\int_{AB} f(z)\mathrm{d}z + \int_{BA} f(z)\mathrm{d}z = 0, \int_{CD} f(z)\mathrm{d}z + \int_{DC} f(z)\mathrm{d}z = 0,$$

从而

$$\oint_{L_1} f(z)\mathrm{d}z + \oint_{L_2} f(z)\mathrm{d}z = \oint_{C_1} f(z)\mathrm{d}z + \oint_{C_2^-} f(z)\mathrm{d}z = 0,$$

所以式(3-6) 成立.

定理 3-4 结果说明,如果我们把如上两条简单闭曲线 C_1 和 C_2 看成是一个复合闭路 Γ,那么 $\oint_\Gamma f(z)\mathrm{d}z = 0$.从上面的讨论,我们得到:在区域上解析的函数沿闭曲线的积分,不因闭曲线在区域内作连续变形而改变它的值,只要在变形过程中曲线不经过函数 $f(z)$ 的不解析点.这一结论,称为**闭路变形原理**.

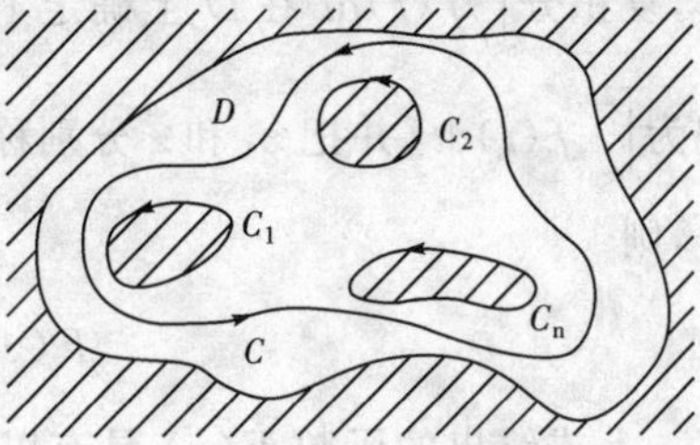

图 3-5

推论(复合闭路定理) 设 C 为多连通区域 D 内的一条简单闭曲线,$C_1,C_2,\cdots,C_n$ 为 C 内部的简单闭曲线,它们互不包含也互不相交,并且以 $C,C_1,C_2,\cdots,C_n$ 为边界的区域全含于 D(图 3-5).如果 $f(z)$ 在 D 内解析,那么

$$\oint_C f(z)\mathrm{d}z = \sum_{k=1}^{n}\oint_{C_k} f(z)\mathrm{d}z. \tag{3-7}$$

其中 C 及 C_k 均取正方向;且

$$\oint_\Gamma f(z)\mathrm{d}z = 0,$$

其中 Γ 为由 C 及 $C_1,C_2,\cdots,C_n$ 所组成的复合闭路(其方向为 C 按逆时针进行,$C_1,C_2,\cdots,C_n$ 按顺时针进行).

【例 3-6】 计算 $\oint_C \frac{1}{z^2-z}\mathrm{d}z$ 的值,其中 C 为包含圆周 $|z|=1$ 在内的任何一条正向简单闭曲线.

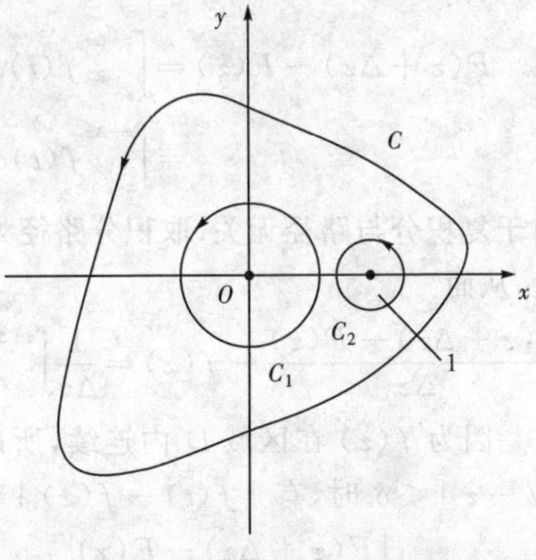

图 3-6

解 由于函数 $\frac{1}{z^2-z}$ 在复平面内除 $z=0$ 及 $z=1$ 两个奇点外是处处解析的,所以在 C 内以 $z=0$ 及 $z=1$ 为圆心,分别作两个互不包含也互不相交的正向圆周 C_1、C_2(图 3-6).根据复合闭路定理可得

$$\oint_C \frac{1}{z^2-z}\mathrm{d}z = \oint_{C_1} \frac{1}{z^2-z}\mathrm{d}z + \oint_{C_2} \frac{1}{z^2-z}\mathrm{d}z$$

$$= \oint_{C_1} \frac{1}{z-1}\mathrm{d}z - \oint_{C_1} \frac{1}{z}\mathrm{d}z + \oint_{C_2} \frac{1}{z-1}\mathrm{d}z - \oint_{C_2} \frac{1}{z}\mathrm{d}z$$

$$= 0 - 2\pi i + 2\pi i - 0 = 0.$$

根据柯西积分定理我们知道，如果 $f(z)$ 在单连通区域 D 内解析，那么沿区域 D 内的简单曲线 C 的积分只与 C 的起点和终点有关.当 z_0 固定，z 在 D 内变化时，复积分 $\int_C f(t)\mathrm{d}t$ 在 D 上确定了一个单值函数.由于积分与路径无关，我们简记为 $\int_{z_0}^{z} f(t)\mathrm{d}t$，并把 z_0 和 z 分别称为积分的下限和上限.若用 $F(z)$ 表示这个积分，则

$$F(z) = \int_{z_0}^{z} f(t)\mathrm{d}t.$$

上式给出的函数 $F(z)$ 具有以下重要性质：

定理3-5 如果 $f(z)$ 在单连通区域 D 内处处解析，则由变上限的积分所确定的函数

$$F(z) = \int_{z_0}^{z} f(t)\mathrm{d}t$$

也是区域 D 内的解析函数，而且 $F'(z) = f(z)$.

证明 设任意 $z \in D$，在 D 内任取一点 $z + \Delta z$（图 3-7），则

$$F(z+\Delta z) - F(z) = \int_{z_0}^{z+\Delta z} f(t)\mathrm{d}t - \int_{z_0}^{z} f(t)\mathrm{d}t$$

$$= \int_{z}^{z+\Delta z} f(t)\mathrm{d}t.$$

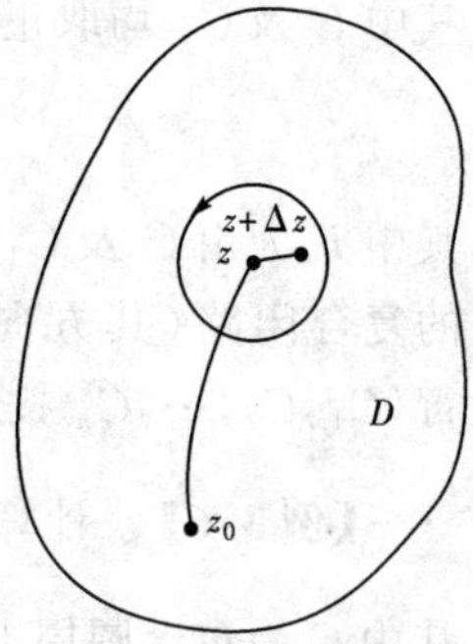

图 3-7

由于复积分与路径无关，取积分路径为 z 到 $z+\Delta z$ 的直线段，从而

$$\frac{F(z+\Delta z) - F(z)}{\Delta z} - f(z) = \frac{1}{\Delta z}\int_{z_0}^{z+\Delta z} [f(t) - f(z)]\mathrm{d}t.$$

因为 $f(z)$ 在区域 D 内连续，所以对于任意给定的 $\varepsilon > 0$，存在 $\delta > 0$，当 $|t - z| < \delta$ 时，有 $|f(t) - f(z)| < \varepsilon$.故，当 $|\Delta z| < \delta$ 时，有

$$\left| \frac{F(z+\Delta z) - F(z)}{\Delta z} - f(z) \right| < \frac{1}{|\Delta z|} \cdot \varepsilon \cdot |\Delta z| = \varepsilon,$$

从而 $F'(z) = f(z)$.由点 z 的任意性可知，$F(z)$ 在区域 D 内处处可导，故 $F(z)$ 在 D 内解析.

类似于高等数学中所讲的，下面我们引入原函数的概念.

定义 3-3 设在单连通区域 D 内，如果函数 $F(z)$ 的导数等于 $f(z)$，即 $F'(z)=f(z)$，那么称 $F(z)$ 为 $f(z)$ 在区域 D 内的**原函数**.

下面给出与牛顿-莱布尼兹(Newton-Leibniz)公式类似的解析函数的积分计算公式.

定理 3-6 如果函数 $f(z)$ 在单连通域 D 内处处解析，$G(z)$ 为 $f(z)$ 的一个原函数，则

$$\int_{z_0}^{z} f(z)\mathrm{d}z = G(z) - G(z_0), \tag{3-8}$$

其中 z_0、z 为区域 D 内的两点.

证明 设 $G(z)$ 为 $f(z)$ 的一个原函数，根据定理 3-5 可知，$F(z)=\int_{z_0}^{z} f(t)\mathrm{d}t$ 是 $f(z)$ 的一个原函数.因此，存在一常数 C 使得 $F(z)=G(z)+C$，即

$$\int_{z_0}^{z} f(t)\mathrm{d}t = G(z) + C.$$

令 $z=z_0$，则有 $G(z_0)+C=0$，可得 $C=-G(z_0)$.从而

$$\int_{z_0}^{z} f(z)\mathrm{d}z = G(z) - G(z_0).$$

根据式(3-8)可知，复积分的计算方法类似于高等数学中求积分的方法.

【例 3-7】 计算积分 $\int_0^i z^n \mathrm{d}z\,(n=0,1,2,\cdots)$ 的值.

解 因为 $z^n\,(n=0,1,2,\cdots)$ 在复平面内处处解析，由定理 3-6 可得

$$\int_0^i z^n \mathrm{d}z = \frac{1}{n+1} z^{n+1} \Big|_0^i = \frac{1}{n+1} i^{n+1}.$$

【例 3-8】 计算 $\int_1^{1+i} z\mathrm{e}^z \mathrm{d}z$.

解 因为 $z\mathrm{e}^z$ 在复平面内处处解析，由定理 3-6 可得，

$$\int_1^{1+i} z\mathrm{e}^z \mathrm{d}z = z\mathrm{e}^z \Big|_1^{1+i} - \int_1^{1+i} \mathrm{e}^z \mathrm{d}z = (1+i)\mathrm{e}^{1+i} - \mathrm{e} - \mathrm{e}^z \Big|_1^{1+i}$$
$$= (1+i)\mathrm{e}^{1+i} - \mathrm{e}^{1+i} = i\mathrm{e}^{1+i} = \mathrm{e}(-\sin 1 + i\cos 1).$$

习题 3-2

1.试用观察法确定下列积分的值，并说明理由，其中 C 是 $|z|=1$ 取正向.

(1) $\oint_C \frac{1}{z^2+4z+4}\mathrm{d}z$;

(2)$\oint_C \dfrac{1}{\cos z}dz$；

(3)$\oint_C \dfrac{1}{z-\frac{1}{2}}dz$；

(4)$\oint_C \dfrac{z}{z-3}dz$.

2.计算下列积分，其中 C 是 $|z|=2$ 取正向.

(1)$\oint_C \dfrac{2z-1}{z^2-z}dz$；

(2)$\oint_C \dfrac{1}{(z-i)(z+1)}dz$.

3.计算下列积分的值.

(1)$\int_0^i z^2 dz$；

(2)$\int_0^{\pi i} \sin z\,dz$；

(3)$\int_0^{1+i} \cos z\,dz$；

(4)$\int_0^i (3e^z+2z)dz$.

3.3 柯西积分公式

设 $f(z)$ 在单连通区域 D 内解析，z_0 为 D 内一定点，则函数 $\dfrac{f(z)}{z-z_0}$ 在 D 内除点 z_0 以外处处解析.若光滑曲线 C 是 D 内包含点 z_0 的简单闭曲线，考虑复积分 $I=\oint_C \dfrac{f(z)}{z-z_0}dz$，当 $\rho>0$ 充分小时，根据复合闭路定理，有

$$\oint_C \frac{f(z)}{z-z_0}dz=\oint_{|z-z_0|=\rho} \frac{f(z)}{z-z_0}dz.$$

这个积分值与 ρ 的取值无关，且是一个常数.由于 $f(z)$ 在 z_0 处连续，当 ρ 充分小时，$f(z)$ 与 $f(z_0)$ 的值相差很小.在前面例 3-3 中我们知道，当 $f(z)\equiv 1$ 时，积分 $\oint_C \dfrac{1}{z-z_0}dz=2\pi i$.

因此,我们猜测

$$\oint_C \frac{f(z)}{z-z_0}dz = 2\pi i \cdot f(z_0).$$

对此,我们有如下定理.

定理 3-7(柯西积分公式) 如果 $f(z)$ 在简单闭曲线 C 所围成的区域 D 内处处解析,在 $\overline{D}=D\cup C$ 上连续,z_0 为 D 内部的任意一点,那么

$$f(z_0)=\frac{1}{2\pi i}\oint_C \frac{f(z)}{z-z_0}dz \tag{3-9}$$

证明 以 z_0 为中心,以充分小的 $\rho>0$ 为半径作圆 $L:|z-z_0|=\rho$,使 L 及其内部均含于 D 内(图 3-8).由于函数 $\frac{f(z)}{z-z_0}$ 在 D 内除去点 $z=z_0$ 外均解析,根据闭路变形原理可知

$$\oint_C \frac{f(z)}{z-z_0}dz=\oint_L \frac{f(z)}{z-z_0}dz.$$

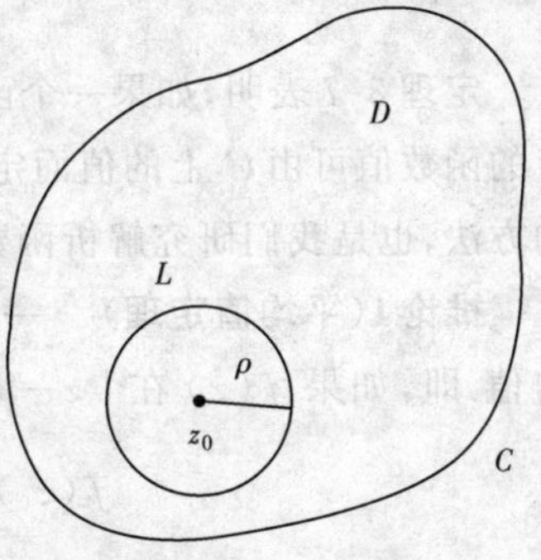

图 3-8

因为 $f(z)$ 在 z_0 处连续,则对任意给定的 $\varepsilon>0$,存在 $\delta>0$,使得当 $|z-z_0|=\rho<\delta$ 时,有 $|f(z)-f(z_0)|<\varepsilon$.从而

$$\oint_L \frac{f(z)}{z-z_0}dz=\oint_L \frac{f(z)-f(z_0)+f(z_0)}{z-z_0}dz$$

$$=\oint_L \frac{f(z)-f(z_0)}{z-z_0}dz+f(z_0)\oint_L \frac{1}{z-z_0}dz.$$

由复积分的性质及结论可知

$$\oint_L \frac{1}{z-z_0}dz=2\pi i,\ \frac{1}{2\pi}\left|\oint_L \frac{f(z)-f(z_0)}{z-z_0}dz\right|<\frac{1}{2\pi}\cdot\frac{\varepsilon}{\rho}\cdot 2\pi\rho=\varepsilon,$$

因为 $\varepsilon>0$ 是任意的,所以

$$\oint_L \frac{f(z)-f(z_0)}{z-z_0}dz=0,$$

从而式(3-9)成立.

式(3-9)称为**柯西积分公式**.如果我们将 C 内部的点用 z 表示,则式(3-9)可以改写成

$$f(z)=\frac{1}{2\pi i}\oint_C \frac{f(t)}{t-z}dt, \tag{3-10}$$

其中积分变量 t 在 C 上变化.

【例 3-9】 计算下列积分的值.

(1) $\frac{1}{2\pi i}\oint_{|z|=4}\frac{\sin z}{z}dz$；　　(2) $\oint_{|z|=4}\left(\frac{1}{z+1}+\frac{1}{z-3}\right)dz$.

解 由式(3-10)可得

(1) $\frac{1}{2\pi i}\oint_{|z|=4}\frac{\sin z}{z}dz=\sin z\,|_{z=0}=0$.

(2) $$\oint_{|z|=4}\left(\frac{1}{z+1}+\frac{2}{z-3}\right)dz=\oint_{|z|=4}\frac{1}{z+1}dz+\oint_{|z|=4}\frac{2}{z-3}dz$$
$$=2\pi i+2\pi i\cdot 2=6\pi i.$$

定理 3-7 表明，如果一个函数为解析函数，则其在简单闭曲线 C 内部任意一点的函数值可由 C 上的值而定.它给出了一种计算复变函数沿简单闭曲线积分的方法，也是我们研究解析函数的许多重要性质的基础.

推论 1（**平均值定理**） 一个解析函数在圆心处的值等于它在圆周上的平均值.即，如果 $f(z)$ 在 $|z-z_0|<R$ 内解析，在 C：$|z-z_0|=R$ 上连续，则

$$f(z_0)=\frac{1}{2\pi}\int_0^{2\pi}f(z_0+\mathrm{Re}^{i\theta})d\theta.$$

推论 2 设函数 $f(z)$ 在由简单闭曲线 C_1、C_2 所围成的二连域 D 内解析，并在 C_1、C_2 上连续，C_2 在 C_1 的内部，z_0 为 D 内一点，则

$$f(z_0)=\frac{1}{2\pi i}\left[\oint_{C_1}\frac{f(z)}{z-z_0}dz-\oint_{C_2}\frac{f(z)}{z-z_0}dz\right].$$

由平均值公式还可以推出解析函数的一个重要性质，即解析函数的最大模原理.此原理说明了一个解析函数的模，在区域内部的任何一点都达不到最大值，除非函数恒为常数.

定理 3-8（**最大模原理**） 设函数 $f(z)$ 在区域 D 内处处解析，且 $f(z)$ 不是常数，则在 D 内 $|f(z)|$ 没有最大值.

此定理的证明从略，有兴趣的读者可以作为思考题进行证明.

推论 1 在区域 D 内解析的函数，若其模在 D 的内点达到最大值，则此函数必恒为常数.

推论 2 设函数 $f(z)$ 在有界区域 D 内解析，在 $\overline{D}$ 上连续，则 $|f(z)|$ 必在 D 的边界上达到最大值.

若 $f(z)$ 在 D 内为常数,推论显然成立.若 $f(z)$ 在 D 内不为常数,则由连续函数性质及定理 3-8 可知,推论成立.

习题 3-3

1.计算下列各积分的值.

(1) $\oint_{|z-2|=1} \frac{e^z}{z-2}dz$;

(2) $\oint_{|z|=2} \frac{2z^2-z+1}{z-1}dz$;

(3) $\oint_{|z|=2} \frac{e^{iz}}{z^2+1}dz$;

(4) $\oint_{|z-i|=1} \frac{1}{z^2-i}dz$;

(5) $\oint_{|z|=\frac{3}{2}} \frac{1}{(z^2+1)(z^2+4)}dz$;

(6) $\oint_{|z|=r} \frac{1}{(z-1)^n}dz \quad (r \neq 1)$.

2.计算积分 $I=\oint_C \frac{z}{(2z+1)(z-2)}dz$ 的值,其中 C 是

(1) $|z|=1$;　　(2) $|z-2|=1$;

(3) $|z-1|=\frac{1}{2}$;　　(4) $|z|=3$.

3.若 $f(z)$ 是区域 G 内的非常数解析函数,且 $f(z)$ 在 G 内无零点,则 $f(z)$ 不能在 G 内取得它的最小模[提示:考虑函数 $g(z)=\frac{1}{f(z)}$,利用最大模原理].

3.4 解析函数的高阶导数

在高等数学中我们讨论过高阶导数,下面先考察解析函数的导数公式的可能形式,然后再给出定理证明.

根据上一节讨论的柯西积分公式

$$f(z)=\frac{1}{2\pi i}\oint_C \frac{f(t)}{t-z}dt$$

可知，假设求导运算和积分运算可以交换，则其一阶导数 $f'(z)$ 的可能形式是

$$f'(z)=\frac{1}{2\pi i}\oint_C \frac{\mathrm{d}}{\mathrm{d}z}\left(\frac{f(t)}{t-z}\right)\mathrm{d}t=\frac{1}{2\pi i}\oint_C \frac{f(t)}{(t-z)^2}\mathrm{d}t.$$

继续上述运算，则 $f''(z)$ 的可能形式是

$$f''(z)=\frac{1}{2\pi i}\oint_C \frac{\mathrm{d}}{\mathrm{d}z}\left[\frac{f(t)}{(t-z)^2}\right]\mathrm{d}t=\frac{2!}{2\pi i}\oint_C \frac{f(t)}{(t-z)^3}\mathrm{d}t,$$

依次类推，n 阶导数 $f^{(n)}(z)$ 的可能形式是

$$f^{(n)}(z)=\frac{n!}{2\pi i}\oint_C \frac{f(t)}{(t-z)^{n+1}}\mathrm{d}t.$$

这就是解析函数的高阶导数公式，下面我们直接引用导数定义来推证上述导数公式.

定理3-9 设函数 $f(z)$ 在简单闭曲线 C 所围成的区域 D 内解析，且在 $\overline{D}=D\cup C$ 上连续，则 $f(z)$ 的各阶导数均在 D 内解析，且对 D 内任一点 z，有

$$f^{(n)}(z)=\frac{n!}{2\pi i}\oint_C \frac{f(t)}{(t-z)^{n+1}}\mathrm{d}t \quad (n=1,2,\cdots). \tag{3-11}$$

证明 先证明 $n=1$ 的情况.根据柯西积分公式有

$$\frac{f(z+\Delta z)-f(z)}{\Delta z}=\frac{1}{2\pi i\Delta z}\oint_C f(t)\left[\frac{1}{t-z-\Delta z}-\frac{1}{t-z}\right]\mathrm{d}t,$$

因此

$$\frac{f(z+\Delta z)-f(z)}{\Delta z}-\frac{1}{2\pi i}\oint_C \frac{f(t)}{(t-z)^2}\mathrm{d}t=\frac{\Delta z}{2\pi i}\oint_C \frac{f(t)}{(t-z)^2(t-z-\Delta z)}\mathrm{d}t.$$

对上式右端的积分值，做如下估计.因为 $f(t)$ 在 C 上连续，可设 M 是 $|f(t)|$ 在 C 上的最大值，又设 δ 为点 z 到 C 上的最短距离，于是当 t 在 C 上时，有 $|t-z|\geqslant\delta$.取 $|\Delta z|<\dfrac{\delta}{2}$，则有

$$|t-z-\Delta z|\geqslant|t-z|-|\Delta z|>\frac{\delta}{2}.$$

由式(3-5)可得，

$$\left|\oint_C \frac{f(t)}{(t-z)^2(t-z-\Delta z)}\mathrm{d}t\right|\leqslant\frac{M}{\frac{\delta}{2}\delta^2}L=\frac{2ML}{\delta^3},$$

其中 L 表示 C 的长度，于是

$$\left|\frac{f(z+\Delta z)-f(z)}{\Delta z}-\frac{1}{2\pi i}\oint_C \frac{f(t)}{(t-z)^2}\mathrm{d}t\right|\leqslant\frac{2ML}{\delta^3}\frac{|\Delta z|}{2\pi}.$$

由此可知

$$f'(z)=\lim_{\Delta z\to 0}\frac{f(z+\Delta z)-f(z)}{\Delta z}=\frac{1}{2\pi i}\oint_C \frac{f(t)}{(t-z)^2}\mathrm{d}t,$$

即 $n=1$ 时式(3-11)成立.

现在假设当 $n=k(k>1)$ 时式(3-11)成立,再来证明当 $n=k+1$ 时上式也成立.为此将 $f^{(k)}(z)$ 看作 $f(z)$,类似于 $n=1$ 的情形,可以推证 $n=k+1$ 时式(3-11)也成立.故由数学归纳法可知式(3-11)成立.

我们称式(3-11)为解析函数的**高阶导数公式**.利用此公式,我们可以通过求积分代替求导数,另外也可以通过求导的方法来计算积分,即

$$\oint_C \frac{f(t)}{(t-z)^{n+1}}\mathrm{d}t=\frac{2\pi i}{n!}f^{(n)}(z).$$

将上式中 z 记为 z_0,同时 t 记为 z,即可改写成下式

$$\oint_C \frac{f(z)}{(z-z_0)^{n+1}}\mathrm{d}z=\frac{2\pi i}{n!}f^{(n)}(z_0). \tag{3-12}$$

利用高阶导数公式计算的积分与柯西积分公式所能计算的积分类似,当被积函数分母次数为1时,可利用柯西积分公式计算积分,而当分母次数大于1时,则可利用高阶导数公式来计算积分.

【例 3-10】 计算下列积分的值.

(1) $\oint_{|z|=2}\frac{\cos\pi z}{(z-1)^3}\mathrm{d}z$;　　(2) $\oint_{|z|=4}\frac{\mathrm{e}^z}{z(z+1)^2}\mathrm{d}z$.

解　(1) 因为函数 $\cos\pi z$ 在 $|z|\leqslant 2$ 内处处解析,而 $\frac{\cos\pi z}{(z-1)^3}$ 在 $|z|\leqslant 2$ 内除 $z=1$ 外处处解析,故由式(3-12)可得,

$$\oint_{|z|=2}\frac{\cos\pi z}{(z-1)^3}\mathrm{d}z=\frac{2\pi i}{2!}(\cos\pi z)''\Big|_{z=1}$$

$$=\pi i\cdot(-\pi^2\cdot\cos\pi z)\Big|_{z=1}=\pi^3 i.$$

(2) 因为函数 e^z 在 $|z|\leqslant 4$ 内处处解析,而 $\frac{\mathrm{e}^z}{z(z+1)^2}$ 在 $|z|\leqslant 4$ 内有两个奇点 $z=0,-1$.由复合闭路定理得

$$\oint_{|z|=4}\frac{\mathrm{e}^z}{z(z+1)^2}\mathrm{d}z=\oint_{|z|=\frac{1}{4}}\frac{\frac{\mathrm{e}^z}{(z+1)^2}}{z}\mathrm{d}z+\oint_{|z+1|=\frac{1}{4}}\frac{\frac{\mathrm{e}^z}{z}}{(z+1)^2}\mathrm{d}z,$$

再根据柯西积分公式及高阶导数公式得，

$$\oint_{|z|=4}\frac{e^z}{z(z+1)^2}dz=2\pi i\left[\frac{e^z}{(z+1)^2}\right]\bigg|_{z=0}+2\pi i\left(\frac{e^z}{z}\right)'\bigg|_{z=-1}$$

$$=2\pi i-4\pi e^{-1}i=2\pi(1-2e^{-1})i.$$

利用高阶导数公式还可以得出解析函数的一些重要结果.

定理3-10 设函数 $f(z)$ 在 $|z-z_0|<R$ 内解析，且 $|f(z)|\leqslant M(|z-z_0|<R)$，则

$$|f^{(n)}(z_0)|\leqslant\frac{n!\,M}{R^n}\quad(n=1,2,\cdots).$$

我们称这个不等式为**柯西不等式**.

证明 对于任意的 $R_1:0<R_1<R$，函数 $f(z)$ 在 $|z-z_0|\leqslant R_1$ 内解析，由高阶导数公式得

$$f^{(n)}(z_0)=\frac{n!}{2\pi i}\oint_{|z-z_0|=R_1}\frac{f(z)}{(z-z_0)^{n+1}}dz\quad(n=1,2,\cdots),$$

估计右端的模可得

$$|f^{(n)}(z_0)|\leqslant\left|\frac{n!}{2\pi}\oint_{|z-z_0|=R_1}\frac{|f(z)|}{|(z-z_0)^{n+1}|}dz\right|\leqslant\frac{n!\,M}{R_1^n}.$$

令 $R_1\to R$ 可得

$$|f^{(n)}(z_0)|\leqslant\frac{n!\,M}{R^n}\quad(n=1,2,\cdots).$$

另外，在此基础上，我们还能得到一个非常重要的定理.

定理3-11（刘维尔定理） 设函数 $f(z)$ 在全平面上解析且有界，则 $f(z)$ 为一常数.

证明 设 z_0 是平面上任意一点，对任意正数 R，$f(z)$ 在 $|z-z_0|<R$ 内解析.由于 $f(z)$ 在全平面上有界，设 $|f(z)|\leqslant M$，由柯西不等式得

$$|f'(z_0)|\leqslant\frac{M}{R},$$

令 $R\to\infty$，即得 $f'(z_0)=0$.由于 z_0 的任意性，可知全平面上 $f'(z_0)\equiv 0$，故

$f(z)$ 为一常数.

刘维尔定理说明,全平面上的解析函数要么无界,要么是一个常数.

习题 3-4

1.计算下列各积分的值.

(1)$\oint_{|z|=1}\frac{e^z}{z^{100}}dz$;

(2)$\oint_{|z|=2}\frac{z}{(z^2+1)^2}dz$;

(3)$\oint_{|z|=4}\frac{\sin z}{(z-\pi)^2}dz$;

(4)$\oint_{C=C_1+C_2^-}\frac{\cos z}{z^3}dz$,其中 $C_1:|z|=2, C_2:|z|=3$.

2.设 $f(z)$ 在 $|z|\leqslant 1$ 上解析,且在 $|z|=1$ 上有 $|f(z)-z|<|z|$,试证:$\left|f'\left(\frac{1}{2}\right)\right|\leqslant 8$.

第 4 章 解析函数的级数表示

在上一章中，我们从积分的角度对解析函数进行了讨论，本章我们从级数的角度来研究解析函数.复级数是研究解析函数的另一重要工具，将解析函数表示成级数在理论和实际应用上都具有重要意义.本章我们先介绍复数项级数收敛的概念和判别方法，幂级数的有关概念和性质，然后对解析函数的两种级数表示——泰勒级数和洛朗级数进行研究，介绍展开式的存在性定理，并给出展开方法.

4.1 复数项级数

4.1.1 复数序列的极限

定义 4-1 设$\{z_n\}$$(n=1,2,\cdots)$为一复数序列，其中$z_n=x_n+\mathrm{i}y_n$，又设$z_0=x_0+\mathrm{i}y_0$为一确定的复数，如果对任意给定的$\varepsilon>0$，存在相应的自然数$N$，使得当$n>N$时，总有$|z_n-z_0|<\varepsilon$成立，则称复数序列$\{z_n\}$收敛于复数$z_0$，或称$z_0$为复数序列$\{z_n\}$的**极限**，记为

$$\lim_{n\to\infty} z_n=z_0 \text{ 或 } z_n\to z_0 \quad (n\to\infty)$$

如果复数序列$\{z_n\}$不收敛，则称$\{z_n\}$**发散**.

由不等式

$$|x_n-x_0|\leqslant|z_n-z_0|\leqslant|x_n-x_0|+|y_n-y_0|$$
$$|y_n-y_0|\leqslant|z_n-z_0|\leqslant|x_n-x_0|+|y_n-y_0|$$

易知以下定理成立.

定理 4-1 设$z_0=x_0+\mathrm{i}y_0$，$z_n=x_n+\mathrm{i}y_n$，$n=1,2,\cdots$，则$\lim\limits_{n\to\infty}z_n=z_0$的充要条件是

$$\lim_{n\to\infty}x_n=x_0,\lim_{n\to\infty}y_n=y_0.$$

4.1.2 复数项级数

定义 4-2 设$\{z_n\}(n=1,2,\cdots)$为一复数序列,称

$$\sum_{n=1}^{\infty} z_n = z_1 + z_2 + \cdots + z_n + \cdots \tag{4-1}$$

为**复数项级数**.称

$$s_n = \sum_{k=1}^{n} z_k = z_1 + z_2 + \cdots + z_n$$

为级数的**部分和**.如果序列$\{s_n\}$收敛,即$\lim\limits_{n\to\infty} s_n = s$,则称级数**收敛**,并且极限值称为级数的**和**,记为

$$s = \sum_{n=1}^{\infty} z_n$$

如果序列$\{s_n\}$不收敛,则称级数**发散**.

【例 4-1】 当$|z|<1$时,判断级数$1+z+z^2+\cdots+z^n+\cdots$是否收敛?

解 部分和

$$s_n(z) = 1 + z + z^2 + \cdots + z^{n-1} = \frac{1-z^n}{1-z} = \frac{1}{1-z} - \frac{z^n}{1-z}$$

因为

$$\lim_{n\to\infty}\left|\frac{z^n}{1-z}\right| = \lim_{n\to\infty}\frac{|z|^n}{|1-z|} = 0,$$

所以

$$\lim_{n\to\infty}\frac{z^n}{1-z} = 0$$

$$\lim_{n\to\infty} s_n(z) = \lim_{n\to\infty}\left(\frac{1}{1-z} - \frac{z^n}{1-z}\right) = \frac{1}{1-z},\ |z|<1$$

由定义可知级数是收敛的.

由于

$$s_n = \sum_{k=1}^{n} z_k = \sum_{k=1}^{n} x_k + \mathrm{i}\sum_{k=1}^{n} y_k$$

复数项级数的敛散性可归结为实部和虚部两个实数项级数的敛散性,从而可得:

定理 4-2 设$z_n = x_n + \mathrm{i}y_n$,级数$\sum\limits_{n=1}^{\infty} z_n$收敛的充分必要条件为级数$\sum\limits_{n=1}^{\infty} x_n$和$\sum\limits_{n=1}^{\infty} y_n$都收敛.

由定理 4-2 和实数项级数的性质,可以得到复数项级数的一些性质:

(1) 设 $z_n=x_n+\mathrm{i}y_n$，级数 $\sum\limits_{n=1}^{\infty}z_n$ 收敛的必要条件是 $\lim\limits_{n\to\infty}z_n=0$.

(2) 若 $\sum\limits_{n=1}^{\infty}|z_n|$ 收敛，则 $\sum\limits_{n=1}^{\infty}z_n$ 也收敛.

定义 4-3 若 $\sum\limits_{n=1}^{\infty}|z_n|$ 收敛，则称 $\sum\limits_{n=1}^{\infty}z_n$ **绝对收敛**；若 $\sum\limits_{n=1}^{\infty}|z_n|$ 发散，$\sum\limits_{n=1}^{\infty}z_n$ 收敛，则称 $\sum\limits_{n=1}^{\infty}z_n$ **条件收敛**.

$\sum\limits_{n=1}^{\infty}|z_n|$ 各项为非负实数，所以它的敛散性可用正项级数判定的方法判定，如比较判别法、比值判别法、根值判别法等.

【例 4-2】 判别下列级数的敛散性.

(1) $\sum\limits_{n=1}^{\infty}\left(\dfrac{1}{n}+\dfrac{\mathrm{i}}{n^2}\right)$；　(2) $\sum\limits_{n=1}^{\infty}\dfrac{(8\mathrm{i})^n}{n!}$；　(3) $\sum\limits_{n=1}^{\infty}\left[\dfrac{(-1)^n}{n}+\dfrac{\mathrm{i}}{2^n}\right]$.

解 (1) 因为 $\sum\limits_{n=1}^{\infty}\dfrac{1}{n}$ 发散，由定理 4-2 可知，$\sum\limits_{n=1}^{\infty}\left(\dfrac{1}{n}+\dfrac{\mathrm{i}}{n^2}\right)$ 发散.

(2) $|z_n|=\left|\dfrac{(8\mathrm{i})^n}{n!}\right|=\dfrac{8^n}{n!}$，由正项级数比值判别法：

$$\lim_{n\to\infty}\left|\frac{z_{n+1}}{z_n}\right|=\lim_{n\to\infty}\frac{8^{n+1}}{(n+1)!}\cdot\frac{n!}{8^n}=\lim_{n\to\infty}\frac{8}{n+1}=0<1$$

得到 $\sum\limits_{n=1}^{\infty}\left|\dfrac{(8\mathrm{i})^n}{n!}\right|$ 收敛，从而 $\sum\limits_{n=1}^{\infty}\dfrac{(8\mathrm{i})^n}{n!}$ 绝对收敛.

(3) 由于 $\sum\limits_{n=1}^{\infty}\dfrac{(-1)^n}{n}$ 和 $\sum\limits_{n=1}^{\infty}\dfrac{1}{2^n}$ 都收敛，所以 $\sum\limits_{n=1}^{\infty}\left[\dfrac{(-1)^n}{n}+\dfrac{\mathrm{i}}{2^n}\right]$ 收敛，又 $\sum\limits_{n=1}^{\infty}\left|\dfrac{(-1)^n}{n}\right|=\sum\limits_{n=1}^{\infty}\dfrac{1}{n}$ 发散，即 $\sum\limits_{n=1}^{\infty}\dfrac{(-1)^n}{n}$ 条件收敛，从而 $\sum\limits_{n=1}^{\infty}\left[\dfrac{(-1)^n}{n}+\dfrac{\mathrm{i}}{2^n}\right]$ 条件收敛.

习题 4-1

1.判断下列序列是否收敛，若收敛，求其极限.

(1) $z_n=-1+\dfrac{(-1)^n}{n}\mathrm{i}$；　(2) $z_n=\dfrac{1+n\mathrm{i}}{1-n\mathrm{i}}$；　(3) $z_n=(-1)^n+\dfrac{1}{n+1}\mathrm{i}$.

2.若 $z_n=\lambda^n$，其中 λ 为复数，试讨论序列 $\{z_n\}$ 的收敛性.

3.判断下列级数的敛散性，若收敛，是否绝对收敛.

(1) $\sum_{n=1}^{\infty}\frac{i^n}{n}$;　　(2) $\sum_{n=1}^{\infty}\left(\frac{1}{3^n}+\frac{i}{n^2}\right)$;

(3) $\sum_{n=1}^{\infty}\frac{(1+i)^n}{n!}$;　　(4) $\sum_{n=0}^{\infty}\frac{\cos in}{2^n}$.

4.证明:如果 $\sum_{n=1}^{\infty}z_n=s$,那么 $\sum_{n=1}^{\infty}\overline{z}_n=\overline{s}$.

4.2 幂级数

4.2.1 幂级数的概念

定义 4-4 设复变函数 $f_n(z)$ 在区域 D 内有定义,称

$$\sum_{n=1}^{\infty}f_n(z)=f_1(z)+f_2(z)+\cdots+f_n(z)+\cdots \tag{4-2}$$

为区域 D 内的**复函数项级数**,其中

$$s_n(z)=\sum_{k=1}^{n}f_k(z)=f_1(z)+f_2(z)+\cdots+f_n(z)$$

为级数 $\sum_{n=1}^{\infty}f_n(z)$ 的**部分和**.

定义 4-5 若对 D 内的某一点 z_0,有 $\lim\limits_{n\to\infty}s_n(z_0)=s(z_0)$,则称级数 $\sum_{n=1}^{\infty}f_n(z)$ 在 z_0 点**收敛**;若 $\forall z\in D$,有 $\lim\limits_{n\to\infty}s_n(z)=s(z)$,则称级数 $\sum_{n=1}^{\infty}f_n(z)$ **在区域 D 内收敛**.此时,称 $s(z)$ 为**和函数**,D 为**收敛域**,即 $\sum_{n=1}^{\infty}f_n(z)=s(z)$,$z\in D$.

例 4-1 中的级数 $\sum_{n=0}^{\infty}z^n=1+z+z^2+\cdots+z^n+\cdots$ 在 $|z|<1$ 内收敛,且 $\lim\limits_{n\to\infty}s_n(z)=\frac{1}{1-z}$.因此,级数在 $|z|<1$ 收敛于 $\frac{1}{1-z}$,即

$$\sum_{n=0}^{\infty}z^n=1+z+z^2+\cdots+z^n+\cdots=\frac{1}{1-z},\ |z|<1.$$

定义 4-6 称每一项都是幂函数的复函数项级数:

$$\sum_{n=0}^{\infty} C_n (z-z_0)^n = C_0 + C_1(z-z_0) + C_2(z-z_0)^2 + \cdots + C_n(z-z_0)^n + \cdots \tag{4-3}$$

为**幂级数**，其中 $C_n(n=0,1,2,\cdots)$ 及 z_0 均为复常数.若 $z_0=0$，这时的幂级数为典型形式

$$\sum_{n=0}^{\infty} C_n z^n = C_0 + C_1 z + C_2 z^2 + \cdots + C_n z^n + \cdots \tag{4-4}$$

事实上，只要做变换 $\zeta = z - z_0$，则有 $\sum\limits_{n=0}^{\infty} C_n(z-z_0)^n = \sum\limits_{n=0}^{\infty} C_n \zeta^n$，即化为典型形式.因此，接下来的内容主要讨论典型形式的幂级数.

4.2.2 幂级数的收敛半径与收敛域

定理 4-3 若幂级数 $\sum\limits_{n=0}^{\infty} C_n z^n$ 在点 $z_0 \neq 0$ 时收敛，则幂级数在圆 $|z|<|z_0|$ 内绝对收敛；若幂级数 $\sum\limits_{n=0}^{\infty} C_n z^n$ 在点 $z_1 \neq 0$ 发散，则幂级数在 $|z|>|z_1|$ 时处处发散(图 4-1).

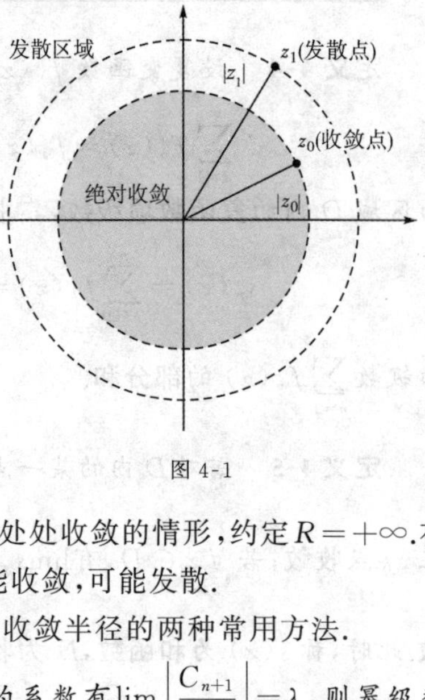

图 4-1

由定理 4-3 可知，幂级数(式 4-4) 在以原点为圆心的某圆域内绝对收敛，圆域外发散，此圆域称为幂级数的**收敛(圆) 域**.收敛域的半径 R 称为**收敛半径**.对于只在原点处收敛的情形，约定 $R=0$，对于在复平面处处收敛的情形，约定 $R=+\infty$.在收敛域的边界(圆周) 上，幂级数(式 4-4) 可能收敛，可能发散.

同实幂级数类似，比值法和根值法是确定收敛半径的两种常用方法.

定理 4-4(比值法) 若幂级数 $\sum\limits_{n=0}^{\infty} C_n z^n$ 的系数有 $\lim\limits_{n\to\infty}\left|\dfrac{C_{n+1}}{C_n}\right| = \lambda$，则幂级数 $\sum\limits_{n=0}^{\infty} C_n z^n$ 的收敛半径为

$$R = \begin{cases} 0, & \lambda = +\infty \\ +\infty, & \lambda = 0 \\ \dfrac{1}{\lambda}, & \lambda \neq 0, \lambda \neq +\infty \end{cases}.$$

证明 $\sum_{n=0}^{\infty}|C_nz^n|$ 为正项级数,由达朗贝尔判别法得

$$\lim_{n\to\infty}\frac{|C_{n+1}z^{n+1}|}{|C_nz^n|}=\lim_{n\to\infty}\frac{|C_{n+1}|}{|C_n|}\cdot|z|=\lambda|z|$$

当 $\lambda|z|<1$ 即 $|z|<\frac{1}{\lambda}$ 时,级数收敛,$\lambda|z|>1$ 即 $|z|>\frac{1}{\lambda}$ 时,级数发散,从而 $R=\frac{1}{\lambda}$.

【例 4-3】 求下列幂级数的收敛半径.

(1) $\sum_{n=1}^{\infty}\frac{z^n}{n^3}$; (2) $\sum_{n=0}^{\infty}\frac{z^n}{n!}$; (3) $\sum_{n=0}^{\infty}n!\,z^n$.

解 (1) 由 $\lim_{n\to\infty}\left|\frac{C_{n+1}}{C_n}\right|=\lim_{n\to\infty}\frac{n^3}{(n+1)^3}=1$,得收敛半径为 $R=1$,收敛域为 $|z|<1$.

(2) 由 $\lim_{n\to\infty}\left|\frac{C_{n+1}}{C_n}\right|=\lim_{n\to\infty}\frac{n!}{(n+1)!}=\lim_{n\to\infty}\frac{1}{n+1}=0$,得收敛半径为 $R=+\infty$,收敛域为 $|z|<+\infty$,即级数在复平面处处收敛.

(3) 由 $\lim_{n\to\infty}\left|\frac{C_{n+1}}{C_n}\right|=\lim_{n\to\infty}\frac{(n+1)!}{n!}=\lim_{n\to\infty}(n+1)=+\infty$,得收敛半径为 $R=0$,级数只在原点处收敛.

对于一般形式的幂级数,定理 4-4 中求半径的方法依然成立,只是其收敛域为 $|z-z_0|<R$.

【例 4-4】 求幂级数 $\sum_{n=1}^{\infty}\frac{(z-1)^n}{n}$ 的收敛半径.

解 由 $\lim_{n\to\infty}\left|\frac{C_{n+1}}{C_n}\right|=\lim_{n\to\infty}\frac{n}{n+1}=1$,得收敛半径为 $R=1$,收敛域为 $|z-1|<1$.

【例 4-5】 求幂级数 $\sum_{n=1}^{\infty}\frac{2n-1}{2^n}z^{2n-1}$ 的收敛半径.

解 在本题中,$C_{2n}=0$,$C_{2n-1}=\frac{2n-1}{2^n}$.因此,不能直接使用公式.此时有

$$\lim_{n\to\infty}\left|\frac{f_{n+1}(z)}{f_n(z)}\right|=\lim_{n\to\infty}\frac{(2n+1)2^n}{(2n-1)2^{n+1}}\frac{|z|^{2n+1}}{|z|^{2n-1}}=\frac{1}{2}|z|^2$$

当 $\frac{1}{2}|z|^2<1$ 即 $|z|<\sqrt{2}$ 时,幂级数收敛,当 $|z|>\sqrt{2}$ 时,幂级数发散.所以收

敛半径为 $R=\sqrt{2}$.

定理 4-5(根值法) 若幂级数 $\sum_{n=0}^{\infty} C_n z^n$ 的系数有 $\lim_{n\to\infty}\sqrt[n]{|C_n|}=\lambda$.则幂级数 $\sum_{n=0}^{\infty} C_n z^n$ 的收敛半径为

$$R=\begin{cases}0, & \lambda=+\infty \\ +\infty, & \lambda=0 \\ \dfrac{1}{\lambda}, & \lambda\neq 0,\lambda\neq+\infty\end{cases}$$

【例 4-6】 求幂级数 $\sum_{n=1}^{\infty}\left(1+\dfrac{1}{n}\right)^{n^2} z^n$ 的收敛半径.

解 由 $\lim_{n\to\infty}\sqrt[n]{C_n}=\lim_{n\to\infty}\sqrt[n]{\left(1+\dfrac{1}{n}\right)^{n^2}}=\lim_{n\to\infty}\left(1+\dfrac{1}{n}\right)^n=\mathrm{e}$,得收敛半径为 $R=\dfrac{1}{\mathrm{e}}$,收敛域为 $|z|<\dfrac{1}{\mathrm{e}}$.

4.2.3 幂级数的收敛性质

与实幂级数一样,复幂级数也可以进行加、减、乘运算.

设幂级数 $f(z)=\sum_{n=0}^{\infty}a_n z^n$、$g(z)=\sum_{n=0}^{\infty}b_n z^n$ 的收敛半径分别为 R_1、R_2.令 $R=\min(R_1,R_2)$,则当 $|z|<R$ 时,有

$$f(z)\pm g(z)=\sum_{n=0}^{\infty}a_n z^n\pm\sum_{n=0}^{\infty}b_n z^n=\sum_{n=0}^{\infty}(a_n\pm b_n)z^n;$$

$$f(z)\cdot g(z)=\left(\sum_{n=0}^{\infty}a_n z^n\right)\left(\sum_{n=0}^{\infty}b_n z^n\right)=\sum_{n=0}^{\infty}(a_n b_0+a_{n-1}b_1+\cdots+a_0 b_n)z^n.$$

幂级数的另一个重要运算为复合运算,即:当 $|z|<r$ 时,$f(z)=\sum_{n=0}^{\infty}a_n z^n$,又设在 $|z|<R$ 内函数 $g(z)$ 解析,且满足 $|g(z)|<r$,则当 $|z|<R$ 时,有

$$f[g(z)]=\sum_{n=0}^{\infty}a_n[g(z)]^n$$

复合运算在函数展开成幂级数中具有广泛的应用.

【例 4-7】 将函数 $\dfrac{1}{z-b}$ 表示成形如 $\sum_{n=0}^{\infty}C_n(z-a)^n$ 的幂级数,其中 a 与 b 是不相等的复数.

解
$$\frac{1}{z-b}=\frac{1}{(z-a)-(b-a)}=-\frac{1}{b-a}\cdot\frac{1}{1-\dfrac{z-a}{b-a}}$$

当$\left|\dfrac{z-a}{b-a}\right|<1$,即$|z-a|<|b-a|$时,有

$$\frac{1}{1-\dfrac{z-a}{b-a}}=\sum_{n=0}^{\infty}\left(\frac{z-a}{b-a}\right)^n$$

从而得到

$$\frac{1}{z-b}=-\frac{1}{b-a}\cdot\frac{1}{1-\dfrac{z-a}{b-a}}=-\frac{1}{b-a}\sum_{n=0}^{\infty}\left(\frac{z-a}{b-a}\right)^n=-\sum_{n=0}^{\infty}\frac{(z-a)^n}{(b-a)^{n+1}}.$$

由上例可知,对于类似的题目,首先要将函数变形,得到$\dfrac{1}{1-g(z)}$的形式,然后利用$\dfrac{1}{1-z}$的展开式,将公式中的z换成$g(z)$即可.

同实幂级数类似,复幂级数在收敛圆内有如下性质.

定理 4-6　设幂级数$\sum\limits_{n=0}^{\infty}C_nz^n$的收敛半径为$R$,则和函数$f(z)$具有下列性质:

(1)$f(z)$在收敛圆$|z|<R$内解析.

(2)$f(z)$在收敛圆$|z|<R$内可逐项求导,即

$$f'(z)=\sum_{n=1}^{\infty}nC_nz^{n-1}.$$

(3)$f(z)$在收敛圆$|z|<R$内为可积函数,且可逐项积分,即

$$\int_{z_0}^{z}f(z)\mathrm{d}z=\sum_{n=0}^{\infty}C_n\int_{z_0}^{z}z^n\mathrm{d}z=\sum_{n=0}^{\infty}\frac{C_n}{n+1}z^{n+1}.$$

习题 4-2

1.求下列幂级数的收敛半径.

(1)$\sum\limits_{n=1}^{\infty}\dfrac{z^n}{n^2}$;　(2)$\sum\limits_{n=0}^{\infty}\dfrac{nz^n}{2^n}$;

(3)$\sum\limits_{n=1}^{\infty}\dfrac{z^n}{(2n-1)!!}$;　(4)$\sum\limits_{n=0}^{\infty}(\cos in)z^n$;

(5)$\sum\limits_{n=1}^{\infty}\dfrac{z^n}{n^n}$;　(6)$\sum\limits_{n=1}^{\infty}\dfrac{n!}{n^n}z^n$;

(7) $\sum\limits_{n=0}^{\infty}\frac{z^{2n+1}}{2n+1}$;　　(8) $\sum\limits_{n=1}^{\infty}\frac{(z+2)^n}{n^2}$.

2.求下列幂级数的和函数.

(1) $\sum\limits_{n=1}^{\infty}nz^{n-1}$;　　(2) $\sum\limits_{n=1}^{\infty}nz^n$.

3.将下列函数在指定点处展开为幂级数.

(1) $f(z)=\frac{1}{z+2}$,在 $z=1$ 处;

(2) $f(z)=\sin^2 z$,在 $z=0$ 处.

4.幂级数 $\sum\limits_{n=0}^{\infty}C_n(z-2)^n$ 能否在 $z=0$ 处收敛,而在 $z=3$ 处发散?为什么?

4.3 泰勒级数

4.3.1 泰勒级数

由定理 4-6 可知幂级数的和函数在收敛圆内为解析函数,那么反过来,任一圆内解析的函数是否能够展开为幂级数呢?答案是肯定的.对此,我们有如下定理.

定理 4-7(泰勒定理)　设函数 $f(z)$ 在 $|z-z_0|<R$ 内解析,则 $f(z)$ 可展开成幂级数

$$f(z)=\sum_{n=0}^{\infty}C_n(z-z_0)^n\quad(|z-z_0|<R)\tag{4-5}$$

其中

$$C_n=\frac{1}{n!}f^{(n)}(z_0)=\frac{1}{2\pi i}\oint_C\frac{f(z)}{(z-z_0)^{n+1}}dz,\quad n=0,1,2,\cdots.$$

C 为区域 $|z-z_0|<R$ 内包含 z_0 点的任意闭曲线,且展开式唯一.

我们称式(4-5)为 $f(z)$ 在 z_0 点的**泰勒展开式**,右端的级数称为 $f(z)$ 在 z_0 点的**泰勒级数**.

关于泰勒定理的几点说明:

(1) 由定理 4-7 可知,任一在 z_0 解析的函数都能展开成关于 z_0 的泰勒级数,其收敛半径为 $R=|z_0-a|$,其中 a 是离 z_0 最近的奇点.

(2) 结合定理4-6,可以得到一个重要结论,即函数在点 z_0 解析的充要条件是它在点 z_0 的邻域内可以展开为泰勒级数.这个结论从级数的角度揭示了解析函数的本质,它可以作为函数在点 z_0 解析的定义.

(3) 令 $z_0=0$,泰勒级数就变成了**麦克劳林级数**

$$f(z)=\sum_{n=0}^{\infty}\frac{f^{(n)}(0)}{n!}z^n \quad (|z|<R)$$

4.3.2 函数展开成泰勒级数

由定理4-7可知,函数在某一点的泰勒展开式是唯一的.因此,只要运算是合理的,我们总能得到函数的泰勒展开式.以下介绍两种常见的方法.

1.直接展开法

直接利用泰勒定理中的公式 $C_n=\dfrac{1}{n!}f^{(n)}(z_0)$,写出函数的泰勒展开式.

【例4-8】 将 $f(z)=e^z$ 在 $z=0$ 处展开为泰勒级数.

解 $f(z)=e^z$ 在复平面上处处解析,所以级数的收敛半径为 $R=+\infty$.又

$$f^{(n)}(z)=e^z, f^{(n)}(0)=1$$

从而

$$C_n=\frac{1}{n!}$$

所以泰勒展开式为

$$e^z=\sum_{n=0}^{\infty}\frac{f^{(n)}(0)}{n!}z^n=1+z+\frac{z^2}{2!}+\frac{z^3}{3!}+\cdots, |z|<+\infty.$$

在例4-1中,我们已经知道 $\dfrac{1}{1-z}$ 的展开式,下面我们将利用泰勒定理进行说明.

【例4-9】 将 $f(z)=\dfrac{1}{1-z}$ 在 $z=0$ 处展开为泰勒级数.

解 $f(z)=\dfrac{1}{1-z}$ 在有限复平面的唯一奇点为 $z=1$,所以级数的收敛半径为 $R=|0-1|=1$,即级数在 $|z|<1$ 内收敛.

由于

$$f^{(n)}(z)=\left(\frac{1}{1-z}\right)^{(n)}=n!(1-z)^{-n-1}, \quad (n=1,2,\cdots)$$

若约定 $f^{(0)}(z)=f(z)$，$0!=1$，则

$$f^{(n)}(0)=n!,\quad (n=0,1,2,\cdots)$$

从而得到 $f(z)$ 的泰勒展开式为

$$\frac{1}{1-z}=\sum_{n=0}^{\infty}\frac{f^{(n)}(0)}{n!}z^n=\sum_{n=0}^{\infty}z^n=1+z+z^2+\cdots,\ |z|<1 \tag{4-6}$$

同理，可以得到 $\sin z$、$\cos z$ 在 $z=0$ 处的泰勒展开式

$$\sin z=\sum_{n=0}^{\infty}(-1)^n\frac{z^{2n+1}}{(2n+1)!}=z-\frac{z^3}{3!}+\frac{z^5}{5!}-\cdots,\ |z|<+\infty.$$

$$\cos z=\sum_{n=0}^{\infty}(-1)^n\frac{z^{2n}}{(2n)!}=1-\frac{z^2}{2!}+\frac{z^4}{4!}-\cdots,\ |z|<+\infty.$$

2.间接展开法

利用唯一性，借助已知函数的展开式，利用代换、逐项可导以及逐项可积等性质，得到函数的泰勒展开式.以下我们将通过几个例子进行说明.

【例 4-10】 将 $f(z)=\dfrac{1}{1+z^2}$ 在 $z=0$ 处展开为泰勒级数.

解 $f(z)$ 在有限平面的奇点为 $z=\pm\mathrm{i}$，所以级数的收敛半径为 $R=|0-\mathrm{i}|=1$.

由例 4-9，已知

$$\frac{1}{1-z}=\sum_{n=0}^{\infty}z^n=1+z+z^2+\cdots,\quad (|z|<1)$$

用 $-z^2$ 代替公式中的 z，可得

$$\frac{1}{1+z^2}=\frac{1}{1-(-z^2)}=\sum_{n=0}^{\infty}(-z^2)^n=\sum_{n=0}^{\infty}(-1)^n z^{2n},\quad |z|<1.$$

【例 4-11】 将 $f(z)=\dfrac{1}{(1-z)^2}$ 展开为 z 的幂级数.

解 $f(z)$ 在有限平面有奇点 $z=1$，所以级数的收敛半径为 $R=|1-0|=1$.又

$$\frac{1}{(1-z)^2}=\left(\frac{1}{1-z}\right)'$$

所以

$$\frac{1}{(1-z)^2}=\left(\frac{1}{1-z}\right)'=\left(\sum_{n=0}^{\infty}z^n\right)'=\sum_{n=1}^{\infty}nz^{n-1}$$

$$=1+2z+3z^2+\cdots+nz^{n-1}+\cdots,\quad |z|<1.$$

【例 4-12】 将对数函数的主值 $f(z)=\ln(1+z)$ 在 $z=0$ 处展开为泰勒级数.

解 由 $$f'(z)=\frac{1}{1+z}=\sum_{n=0}^{\infty}(-1)^n z^n,\quad |z|<1$$

可得

$$\int_0^z f'(z)\mathrm{d}z=\int_0^z\sum_{n=0}^{\infty}(-1)^n z^n\mathrm{d}z=\sum_{n=0}^{\infty}(-1)^n\int_0^z z^n\mathrm{d}z.$$

即

$$f(z)-f(0)=\sum_{n=0}^{\infty}(-1)^n\frac{z^{n+1}}{n+1}$$

从而有

$$f(z)=\sum_{n=0}^{\infty}(-1)^n\frac{z^{n+1}}{n+1},\quad |z|<1.$$

3.函数展开成泰勒级数的一些例子

【例 4-13】 将 $f(z)=\dfrac{1}{z-2}$ 在 $z=-1$ 处展开为泰勒级数.

解 $f(z)$ 在有限平面的奇点为 $z=2$，所以级数的收敛半径为 $R=|2-(-1)|=3$

$$f(z)=\frac{1}{z-2}=\frac{1}{(z+1)-3}=-\frac{1}{3}\frac{1}{1-\dfrac{z+1}{3}}$$

$$=-\frac{1}{3}\sum_{n=0}^{\infty}\left(\frac{z+1}{3}\right)^n=\sum_{n=0}^{\infty}\frac{-1}{3^{n+1}}(z+1)^n,\quad |z+1|<3.$$

【例 4-14】 将 $f(z)=\dfrac{1}{(1-z)^2}$ 在 $z=\mathrm{i}$ 处展开为泰勒级数.

解 $f(z)$ 在复平面的奇点为 $z=1$，所以级数的收敛半径为 $R=|1-\mathrm{i}|=\sqrt{2}$，

$$f(z)=\frac{1}{(1-z)^2}=\left(\frac{1}{1-z}\right)'=\left(\frac{1}{1-\mathrm{i}-(z-\mathrm{i})}\right)'=\left(\frac{1}{1-\mathrm{i}}\frac{1}{1-\dfrac{z-\mathrm{i}}{1-\mathrm{i}}}\right)'$$

$$=\left(\frac{1}{1-\mathrm{i}}\sum_{n=0}^{\infty}\left(\frac{z-\mathrm{i}}{1-\mathrm{i}}\right)^n\right)'=\frac{1}{1-\mathrm{i}}\sum_{n=1}^{\infty}\frac{n(z-\mathrm{i})^{n-1}}{(1-\mathrm{i})^n}$$

$$=\sum_{n=0}^{\infty}\frac{(n+1)(z-\mathrm{i})^n}{(1-\mathrm{i})^{n+2}},\quad |z-\mathrm{i}|<\sqrt{2}$$

当有理函数表达式较复杂时，可先分解成简单分式的和，再分别将简单分式展开.

【例 4-15】 将 $f(z)=\dfrac{2z^2-3}{(z-2)(z^2+1)}$ 在 $z=0$ 处展开为泰勒级数.

解 $f(z)$ 在复平面的奇点有 $z=2, z=\pm i$，所以级数的收敛半径为 $R=|0-i|=1$，

$$f(z)=\frac{2z^2-3}{(z-2)(z^2+1)}=\frac{A}{(z-2)}+\frac{Bz+C}{(z^2+1)}=\frac{1}{(z-2)}+\frac{z+2}{(z^2+1)}$$

又

$$\frac{1}{z-2}=-\frac{1}{2}\frac{1}{1-\frac{z}{2}}=-\frac{1}{2}\sum_{n=0}^{\infty}\left(\frac{z}{2}\right)^n=-\sum_{n=0}^{\infty}\frac{z^n}{2^{n+1}}$$

$$\frac{z+2}{z^2+1}=(z+2)\frac{1}{1-(-z^2)}=(z+2)\sum_{n=0}^{\infty}(-z^2)^n=(z+2)\sum_{n=0}^{\infty}(-1)^n z^{2n}$$

从而

$$f(z)=-\sum_{n=0}^{\infty}\frac{z^n}{2^{n+1}}+\sum_{n=0}^{\infty}(-1)^n z^{2n+1}+2\sum_{n=0}^{\infty}(-1)^n z^{2n},\quad |z|<1$$

习题 4-3

1.将下列函数在指定点处展开为泰勒级数.

(1) $\dfrac{\sin(z^2)}{z^4}$， $z_0=0$；　(2) $\dfrac{1}{3z-2}$， $z_0=2$；

(3) $\dfrac{z}{z+1}$， $z_0=1$；　(4) $\dfrac{1}{(z-1)(z-2)}$， $z_0=0$；

(5) $\cos^2 z$， $z_0=0$；　(6) $\arctan z$， $z_0=0$；

(7) $\dfrac{1}{z^2}$， $z_0=-1$；　(8) $\dfrac{1}{4-3z}$， $z_0=1+i$.

2.求函数 $f(z)=\dfrac{z}{z^2+9}$ 的麦克劳林展开式，并指出收敛半径.

3.求 $\cos z$ 在 $z_0=\dfrac{\pi}{2}$ 处的泰勒展开式.

提示：利用恒等式 $\cos z=-\sin\left(z-\dfrac{\pi}{2}\right)$.

4.求 $\sin z$ 在 $z_0=-\pi$ 处的泰勒展开式，并证明：$\lim\limits_{z\to-\pi}\dfrac{\sin z}{z+\pi}=-1$.

4.4 洛朗级数

4.4.1 双边幂级数的概念

定义 4-7 考虑下列形式的幂级数

$$f(z)=\sum_{n=-\infty}^{\infty}C_n(z-z_0)^n=\cdots+C_{-n}(z-z_0)^{-n}+\cdots+C_{-1}(z-z_0)^{-1}+C_0+C_1(z-z_0)^1+\cdots+C_n(z-z_0)^n+\cdots$$

$$=\sum_{n=-\infty}^{-1}C_n(z-z_0)^n+\sum_{n=0}^{\infty}C_n(z-z_0)^n$$

称 $\sum_{n=-\infty}^{\infty}C_n(z-z_0)^n$ 为双边幂级数，其中 $\sum_{n=-\infty}^{-1}C_n(z-z_0)^n$ 为负幂项部分，$\sum_{n=0}^{\infty}C_n(z-z_0)^n$ 为正幂项部分.

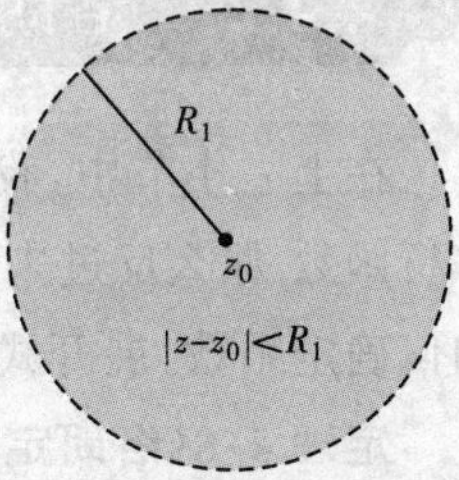

图 4-2

设正幂项部分 $\sum_{n=0}^{\infty}C_n(z-z_0)^n$ 在 $|z-z_0|<R_1$ 内收敛于解析函数 $f_1(z)$（图 4-2）.若令 $\zeta=(z-z_0)^{-1}$，则有负幂项部分 $\sum_{n=-\infty}^{-1}C_n(z-z_0)^n=\sum_{n=1}^{\infty}C_{-n}\zeta^n$，是对 ζ 变量为正次幂的级数.设其收敛半径为 $\frac{1}{R_2}$，即 $\sum_{n=1}^{\infty}C_{-n}\zeta^n$ 在 $|\zeta|<\frac{1}{R_2}$ 内收敛，由此可知 $\sum_{n=-\infty}^{-1}C_n(z-z_0)^n$ 在 $|z-z_0|>R_2$ 收敛于解析函数 $f_2(z)$（图 4-3）.

若 $R_2<R_1$，则正幂项部分和负幂项部分的收敛域有公共部分 $R_2<|z-z_0|<R_1$，从而有双边幂级数 $\sum_{n=-\infty}^{\infty}C_n(z-z_0)^n$ 在 $R_2<|z-z_0|<R_1$ 内收敛于一个解析函数 $f(z)$，且 $f(z)=f_1(z)+f_2(z)$，称此圆环为级数 $\sum_{n=-\infty}^{\infty}C_n(z-z_0)^n$ 的收敛圆环（图 4-4）.

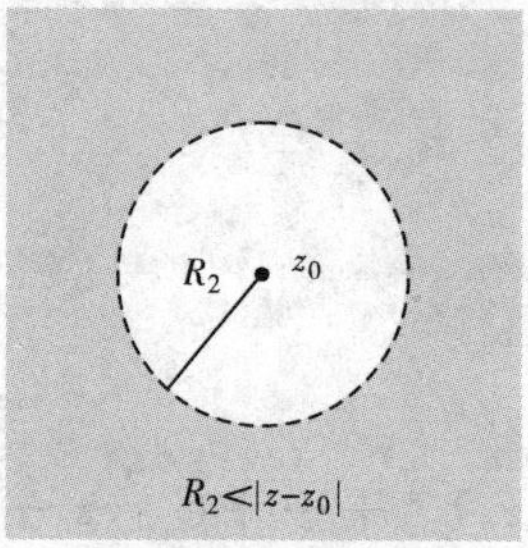

图 4-3

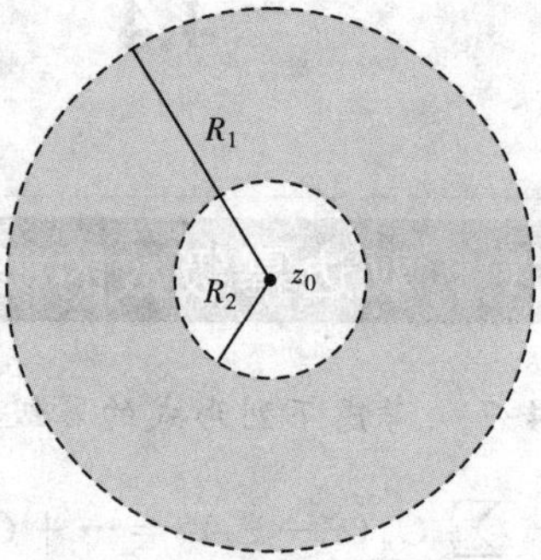

图 4-4

4.4.2 洛朗级数的概念

在上一小节中,我们发现带负幂项部分的双边幂级数在圆环内收敛于一个解析函数.那么反过来,一个解析函数是否能够在一个圆环内展开为幂级数呢,如何确定系数,展开式是否唯一.

定理 4-8(洛朗定理) 设函数 $f(z)$ 在圆环域 $R_1<|z-z_0|<R_2$ 内处处解析,则 $f(z)$ 一定能在此圆环域中展开为

$$f(z)=\sum_{n=-\infty}^{\infty}C_n(z-z_0)^n, \tag{4-7}$$

其中,$C_n=\dfrac{1}{2\pi i}\oint_C\dfrac{f(z)}{(z-z_0)^{n+1}}dz$,$n=0,\pm1,\pm2,\cdots$,$C$ 为此圆环域内绕 z_0 的任一简单闭曲线,且表达式唯一.我们称展开式(4-7)为 $f(z)$ 在圆环域上的洛朗展开式,右端的级数为 $f(z)$ 在圆环域上的洛朗级数.

若 $f(z)$ 在圆域 $|z-z_0|<R_2$ 内解析,被积函数 $\dfrac{f(z)}{(z-z_0)^{n+1}}$,$n=-1,-2,\cdots$ 也在 $|z-z_0|<R_2$ 内解析,从而有

$$\oint_C\frac{f(z)}{(z-z_0)^{n+1}}dz=0, n=-1,-2,\cdots$$

那么 $f(z)=\sum\limits_{n=-\infty}^{\infty}C_n(z-z_0)^n=\sum\limits_{n=0}^{\infty}C_n(z-z_0)^n$,展开式简化为泰勒级数.

4.4.3 函数展开为洛朗级数

同泰勒级数一样,由于唯一性,洛朗级数除了通过直接计算展开系数 C_n 的方式展开之外,还可以利用已知的展开式,通过代换运算、逐项求导和逐项积分等方法展开,即间接展开法.下面,我们通过几个例子进行说明.

【例 4-16】 将函数 $f(z)=z^3e^{1/z}$ 在区域 $0<|z|<+\infty$ 展开为洛朗级数.

解 函数在区域 $0<|z|<+\infty$ 内处处解析,且由

$$e^z=\sum_{n=0}^{\infty}\frac{z^n}{n!}=1+z+\frac{z^2}{2!}+\frac{z^3}{3!}+\cdots,\quad 0<|z|<+\infty$$

可得

$$e^{1/z}=\sum_{n=0}^{\infty}\frac{(1/z)^n}{n!}=1+1/z+\frac{(1/z)^2}{2!}+\frac{(1/z)^3}{3!}+\cdots,\quad 0<|z|<+\infty.$$

从而

$$z^3e^{1/z}=z^3\sum_{n=0}^{\infty}\frac{(1/z)^n}{n!}=\sum_{n=0}^{\infty}\frac{1}{n!}\left(\frac{1}{z}\right)^{n-3}=\sum_{n=-3}^{\infty}\frac{1}{(n+3)!}\left(\frac{1}{z}\right)^n$$

$$=z^3+z^2+\frac{1}{2!}z+\frac{1}{3!}+\frac{1}{4!}\frac{1}{z}+\cdots,\quad 0<|z|<+\infty$$

在例 4-16 中,函数在指定区域内是解析的.有时,给定的函数在整个复平面或指定区域内有奇点.因此,在求展开式之前,要根据奇点的位置,将整个复平面或指定区域分成若干个圆环,函数在每个圆环内解析,这样的圆环称为解析环.

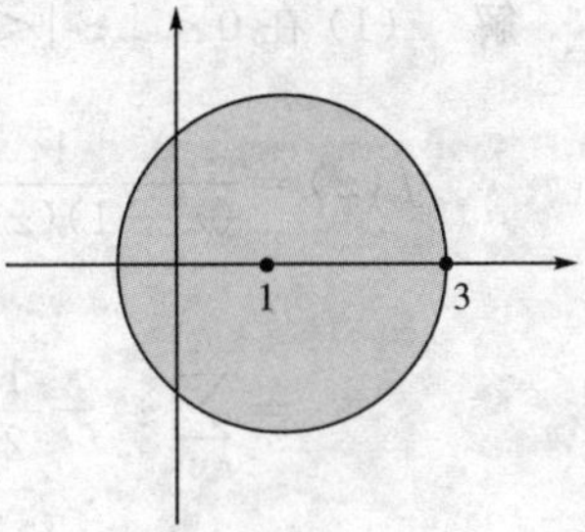

图 4-5

【例 4-17】 将 $f(z)=\dfrac{1}{z-3}$ 在 $z=1$ 处展开为洛朗级数.

解 $f(z)=\dfrac{1}{z-3}$ 在复平面内有奇点 $z=3$,以 $z=1$ 为圆心(图 4-5),整个复平面分为两个解析环:$0<|z-1|<2$ 和 $2<|z-1|<+\infty$.又

$$f(z)=\frac{1}{z-3}=\frac{1}{(z-1)-2}$$

在 $0<|z-1|<2$ 内,$\left|\dfrac{z-1}{2}\right|<1$,

$$f(z)=\frac{1}{(z-1)-2}=-\frac{1}{2}\frac{1}{1-\frac{z-1}{2}}=-\frac{1}{2}\sum_{n=0}^{\infty}\left(\frac{z-1}{2}\right)^n$$

$$=-\sum_{n=0}^{\infty}\frac{1}{2^{n+1}}(z-1)^n;$$

在 $2<|z-1|<+\infty$ 内，$\left|\frac{2}{z-1}\right|<1$，

$$f(z)=\frac{1}{(z-1)-2}=\frac{1}{z-1}\frac{1}{1-\frac{2}{z-1}}=\frac{1}{z-1}\sum_{n=0}^{\infty}\left(\frac{2}{z-1}\right)^n$$

$$=\sum_{n=0}^{\infty}\frac{2^n}{(z-1)^{n+1}}.$$

【例 4-18】 将 $f(z)=\frac{1}{(z-1)(z-2)}$ 分别在圆环域

(1)$0<|z|<1$； (2)$1<|z|<2$；

(3)$2<|z|<+\infty$； (4)$0<|z-1|<1$；

(5)$1<|z-1|<+\infty$.

内展开为洛朗级数.

解 (1) 在 $0<|z|<1$ 内，$\frac{|z|}{2}<1$

$$f(z)=\frac{1}{(z-1)(z-2)}=\frac{1}{1-z}-\frac{1}{2-z}=\frac{1}{1-z}-\frac{1}{2}\frac{1}{1-\frac{z}{2}}$$

$$=\sum_{n=0}^{\infty}z^n-\frac{1}{2}\sum_{n=0}^{\infty}\left(\frac{z}{2}\right)^n=\sum_{n=0}^{\infty}\left(1-\frac{1}{2^{n+1}}\right)z^n$$

(2) 在 $1<|z|<2$ 内，$\frac{1}{|z|}<1$，$\frac{|z|}{2}<1$

$$f(z)=\frac{1}{1-z}-\frac{1}{2-z}=-\frac{1}{z}\frac{1}{1-\frac{1}{z}}-\frac{1}{2}\frac{1}{1-\frac{z}{2}}$$

$$=-\frac{1}{z}\sum_{n=0}^{\infty}\left(\frac{1}{z}\right)^n-\frac{1}{2}\sum_{n=0}^{\infty}\left(\frac{z}{2}\right)^n$$

$$=-\sum_{n=0}^{\infty}\frac{1}{z^{n+1}}-\sum_{n=0}^{\infty}\frac{z^n}{2^{n+1}}$$

(3) 在 $2<|z|<+\infty$ 内，$\dfrac{1}{|z|}<1,\dfrac{2}{|z|}<1$

$$f(z)=\frac{1}{1-z}-\frac{1}{2-z}=-\frac{1}{z}\frac{1}{1-\frac{1}{z}}+\frac{1}{z}\frac{1}{1-\frac{2}{z}}$$

$$=-\frac{1}{z}\sum_{n=0}^{\infty}\left(\frac{1}{z}\right)^{n}+\frac{1}{z}\sum_{n=0}^{\infty}\left(\frac{2}{z}\right)^{n}=\sum_{n=0}^{\infty}\frac{2^{n}-1}{z^{n+1}}$$

(4) 在 $0<|z-1|<1$ 内

$$f(z)=\frac{1}{z-1}\cdot\left(-\frac{1}{1-(z-1)}\right)=-\frac{1}{z-1}\cdot\sum_{n=0}^{\infty}(z-1)^{n}$$

$$=-\sum_{n=0}^{\infty}(z-1)^{n-1}=-\sum_{n=-1}^{\infty}(z-1)^{n}$$

(5) 在 $1<|z-1|<+\infty$ 内，$\dfrac{1}{|z-1|}<1$

$$f(z)=-\frac{1}{z-1}\cdot\frac{1}{1-(z-1)}=\frac{1}{z-1}\cdot\frac{1}{z-1}\cdot\frac{1}{1-\frac{1}{z-1}}$$

$$=\frac{1}{(z-1)^{2}}\cdot\sum_{n=0}^{\infty}\left(\frac{1}{z-1}\right)^{n}=\sum_{n=0}^{\infty}\frac{1}{(z-1)^{n+2}}$$

上例中，我们将 $f(z)=\dfrac{1}{(z-1)(z-2)}$ 在奇点 $z=1$ 处展开为洛朗级数.事实上，$f(z)$ 在有限复平面的另外一个奇点 $z=2$ 处也可以展开为洛朗级数，读者可以自己动手尝试.

【例 4-19】 将 $f(z)=\dfrac{1}{1+z^{2}}$ 在 $z=\mathrm{i}$ 处展开为洛朗级数.

解 $f(z)=\dfrac{1}{1+z^{2}}$ 在复平面内有两个奇点 $z=\pm\mathrm{i}$，以 $z=\mathrm{i}$ 为圆心，整个复平面分为两个解析环：$0<|z-\mathrm{i}|<2$ 和 $2<|z-\mathrm{i}|<+\infty$.

$$f(z)=\frac{1}{1+z^{2}}=\frac{1}{(z+\mathrm{i})(z-\mathrm{i})}=\frac{1}{z+\mathrm{i}}\cdot\frac{1}{z-\mathrm{i}}$$

(1) 在区域 $0<|z-\mathrm{i}|<2$ 内

$$f(z)=\frac{1}{z-\mathrm{i}}\cdot\frac{1}{z-\mathrm{i}+2\mathrm{i}}=\frac{1}{z-\mathrm{i}}\cdot\frac{1}{2\mathrm{i}}\frac{1}{1-\left(-\frac{z-\mathrm{i}}{2\mathrm{i}}\right)}$$

$$=\frac{1}{z-\mathrm{i}}\cdot\frac{1}{2\mathrm{i}}\sum_{n=0}^{\infty}\left(-\frac{z-\mathrm{i}}{2\mathrm{i}}\right)^{n}=\sum_{n=0}^{\infty}\frac{i^{n-1}}{2^{n+1}}(z-i)^{n-1}$$

(2) 在区域 $2<|z-\mathrm{i}|<+\infty$ 内

$$f(z)=\frac{1}{z-\mathrm{i}}\cdot\frac{1}{z-\mathrm{i}+2\mathrm{i}}=\frac{1}{z-\mathrm{i}}\cdot\frac{1}{z-\mathrm{i}}\cdot\frac{1}{1-\left(-\frac{2\mathrm{i}}{z-\mathrm{i}}\right)}$$

$$=\frac{1}{(z-\mathrm{i})^{2}}\cdot\sum_{n=0}^{\infty}\left(-\frac{2\mathrm{i}}{z-\mathrm{i}}\right)^{n}=\sum_{n=0}^{\infty}\frac{(-2\mathrm{i})^{n}}{(z-i)^{n+2}}$$

习题 4-4

1.将下列函数在指定圆环内展开为洛朗级数.

(1) $\frac{1}{1+z}$, $1<|z|<+\infty$;

(2) $\frac{1}{z^{2}-1}$, $0<|z-1|<2$, $2<|z-1|<+\infty$;

(3) $\frac{1}{(z^{2}+1)(z-3)}$, $1<|z|<3$;

(4) $\frac{z}{(z-1)(z-3)}$, $0<|z-3|<2$;

(5) $\sin\frac{1}{z-1}$, $0<|z-1|<\infty$.

2.将 $f(z)=\frac{1}{z(z+1)}$ 在 $z=-1$ 处展开为洛朗级数.

3.将 $f(z)=\frac{1}{z(z-\mathrm{i})}$ 在 $z=\mathrm{i}$ 处展开为洛朗级数.

4.将 $f(z)=\frac{1}{z^{2}-4z+3}$ 分别在 $z=1$、$z=3$ 处展开为洛朗级数.

第 5 章 留数及其应用

留数是积分理论和级数理论结合的产物，是复变函数的重要内容.本章先通过洛朗级数将孤立奇点进行分类，并讨论不同类型孤立奇点的判断，然后引进留数概念，给出计算孤立奇点留数的方法，最后对留数在定积分中的应用以及幅角定理进行介绍.

5.1 孤立奇点

5.1.1 孤立奇点及其分类

在第 2 章中，我们介绍了奇点的概念，即若函数 $f(z)$ 在 z_0 不解析，则称 z_0 为 $f(z)$ 的奇点.本章将研究一类特别的奇点，即孤立奇点.

定义 5-1 设 $f(z)$ 在 z_0 处不解析，但在 z_0 的某一个去心邻域 $0<|z-z_0|<\delta$ 内处处解析，则称 z_0 为 $f(z)$ 的**孤立奇点**.

例如，$z=1$、$z=-i$ 是函数 $f(z)=\dfrac{1}{(z-1)(z+i)}$ 的两个孤立奇点，$z=0$ 是函数 $f(z)=\dfrac{\sin z}{z}$ 的孤立奇点.

又如，$z=0$ 是函数 $f(z)=\dfrac{1}{\sin(1/z)}$ 的奇点，但不是孤立奇点.因为，$z=\dfrac{1}{k\pi}$（k 为非零整数）也是 $f(z)$ 的奇点，在 $z=0$ 的每一个去心邻域都包含其他奇点，即对于任意的 $\varepsilon>0$，只要取 $k>\dfrac{1}{\varepsilon\pi}$，都有 $0<\dfrac{1}{k\pi}<\varepsilon$，这就意味着奇点 $z=\dfrac{1}{k\pi}$ 落在 $z=0$ 的去心邻域 $|z|<\varepsilon$ 里.事实上，若奇点 z_0 同时是一系列奇点的极

限，则 z_0 不是孤立奇点.

由洛朗定理，在孤立奇点的去心邻域内，函数可以展开为洛朗级数

$$f(z)=\sum_{n=-\infty}^{\infty}C_n(z-z_0)^n$$

洛朗级数中的负幂项部分是否存在，是无限项还是有限项，对孤立奇点的性态有重要影响.根据洛朗级数负幂项的情况，可以对孤立奇点做如下分类.

1.可去奇点

若对一切 $n<0$ 有 $C_n=0$，即不存在负幂次项，则称 z_0 是函数 $f(z)$ 的**可去奇点**.

例如，函数 $\frac{\sin z}{z}$ 在 $z=0$ 处的洛朗展开式为

$$\begin{aligned}\frac{\sin z}{z}&=\frac{1}{z}\left(z-\frac{z^3}{3!}+\frac{z^5}{5!}-\cdots\right)\\&=1-\frac{z^2}{3!}+\frac{z^4}{5!}-\cdots,\quad 0<|z|<+\infty.\end{aligned}$$

展开式中无负幂次项，所以 $z=0$ 是 $\frac{\sin z}{z}$ 的可去奇点.

2.极点

若只有有限个(至少一个)整数 $n<0$，使得 $C_n\neq 0$，即存在有限个负幂次项，则称 z_0 是函数 $f(z)$ 的**极点**.设对于正数 m，$C_{-m}\neq 0$；而当 $n<-m$ 时，$C_n=0$.那么我们说 z_0 是 $f(z)$ 的 m **阶极点**.其中**一阶极点**又称为**简单极点**.

例如，函数 $\frac{\sin z}{z^3}$ 在 $z=0$ 处的洛朗展开式为

$$\begin{aligned}\frac{\sin z}{z^3}&=\frac{1}{z^3}\left(z-\frac{z^3}{3!}+\frac{z^5}{5!}-\cdots\right)\\&=\frac{1}{z^2}-\frac{1}{3!}+\frac{z^2}{5!}-\cdots,\quad 0<|z|<+\infty.\end{aligned}$$

展开式中有负幂次项 $\frac{1}{z^2}$，$m=2$，所以 $z=0$ 是 $\frac{\sin z}{z^3}$ 的二阶极点.

3.本性奇点

若有无限个整数 $n<0$，使得 $C_n\neq 0$，即存在无限个负幂次项，则称 z_0 是 $f(z)$ 的**本性奇点**.

例如，函数 $e^{\frac{1}{z}}$ 在 $z=0$ 处的洛朗展开式为

$$e^{1/z}=\sum_{n=0}^{\infty}\frac{\left(\frac{1}{z}\right)^n}{n!}=1+\frac{1}{z}+\frac{\left(\frac{1}{z}\right)^2}{2!}+\frac{\left(\frac{1}{z}\right)^3}{3!}+\cdots,\quad 0<|z|<+\infty$$

展开式中有无限个负幂次项，所以 $z=0$ 是 $e^{\frac{1}{z}}$ 的本性奇点.

5.1.2 孤立奇点类型的判断

孤立奇点类型可以通过洛朗展开式中负幂次项的情况进行判断.除此之外，还可以利用函数在孤立奇点处的性质进行判别.

1.可去奇点

定理 5-1 设函数 $f(z)$ 在 $0<|z-z_0|<\delta(0<\delta\leqslant+\infty)$ 内解析，则 z_0 是 $f(z)$ 的可去奇点的充分必要条件为 $\lim\limits_{z\to z_0}f(z)=C_0$，$C_0$ 为复常数.

定理 5-1′ 设函数 $f(z)$ 在 $0<|z-z_0|<\delta(0<\delta\leqslant+\infty)$ 内解析，则 z_0 是 $f(z)$ 的可去奇点的充分必要条件为 $f(z)$ 在 z_0 的一个邻域内有界.

【例 5-1】 判断 $f(z)=\dfrac{e^z-1}{z}$ 的孤立奇点类型.

解 $z=0$ 是 $f(z)$ 的孤立奇点，又

$$\lim_{z\to 0}f(z)=\lim_{z\to 0}\frac{e^z-1}{z}=1$$

可知 $z=0$ 是 $f(z)$ 的可去奇点.

2.极点

定理 5-2 设 $f(z)$ 在 $0<|z-z_0|<\delta(0<\delta\leqslant+\infty)$ 内解析，则 z_0 是 $f(z)$ 的 m 阶极点的充要条件为 $f(z)$ 在 $0<|z-z_0|<\delta$ 内可表示为

$$f(z)=\frac{1}{(z-z_0)^m}\varphi(z) \tag{5-1}$$

其中 $\varphi(z)$ 在 $0<|z-z_0|<\delta$ 内解析，且 $\varphi(z_0)\neq 0$.

证明 必要性.由极点的定义，若 z_0 是 $f(z)$ 的 m 阶极点，$f(z)$ 在 z_0 处的洛朗展开式为

$$f(z)=\frac{C_{-m}}{(z-z_0)^m}+\frac{C_{-m+1}}{(z-z_0)^{m-1}}+\cdots+\frac{C_{-1}}{z-z_0}+C_0+C_1(z-z_0)+\cdots+C_n(z-z_0)^n+\cdots$$

又 $C_{-m}\neq 0$，则有

$$f(z)=\frac{1}{(z-z_0)^m}[C_{-m}+C_{-m+1}(z-z_0)+\cdots+C_{-1}(z-z_0)^{m-1}+C_0(z-z_0)^m+\cdots+C_n(z-z_0)^{m+n}+\cdots]=\frac{1}{(z-z_0)^m}\varphi(z)$$

其中 $\varphi(z)$ 在 $0<|z-z_0|<\delta$ 内解析，且 $\varphi(z_0)\neq 0$.

充分性.若函数 $f(z)$ 在 $0<|z-z_0|<\delta$ 内可表示为

$$f(z)=\frac{1}{(z-z_0)^m}\varphi(z)$$

且 $\varphi(z)$ 在 $0<|z-z_0|<\delta$ 内解析,$\varphi(z_0)\neq 0$,则 $\varphi(z)$ 可展开为

$$\varphi(z)=\sum_{n=0}^{\infty}a_n(z-z_0)^n$$

其中 $a_0=\varphi(z_0)\neq 0$.从而有

$$f(z)=\frac{1}{(z-z_0)^m}\sum_{n=0}^{\infty}a_n(z-z_0)^n=\frac{a_0}{(z-z_0)^m}+\frac{a_1}{(z-z_0)^{m-1}}+\cdots+\frac{a_{m-1}}{(z-z_0)}+a_m+\cdots$$

由定义可得 z_0 是 $f(z)$ 的 m 阶极点.

推论 设 $f(z)$ 在 $0<|z-z_0|<\delta(0<\delta\leqslant+\infty)$ 内解析,则 z_0 是 $f(z)$ 的极点的充要条件为 $\lim\limits_{z\to z_0}f(z)=\infty$.

【例 5-2】 判断 $f(z)=\dfrac{e^z}{(z-1)^2}$ 的孤立奇点类型.

解 $z=1$ 是 $f(z)$ 的孤立奇点,又

$$\lim_{z\to 1}f(z)=\lim_{z\to 1}\frac{e^z}{(z-1)^2}=\infty$$

可知 $z=1$ 是 $f(z)$ 的极点.

进一步地

$$f(z)=\frac{e^z}{(z-1)^2}=\frac{1}{(z-1)^2}\cdot e^z$$

其中 e^z 在复平面内解析,且 $e^1\neq 0$,所以 $z=1$ 是 $f(z)$ 的二阶极点.

在式(5-1)两边同乘以 $(z-z_0)^m$,得

$$(z-z_0)^m f(z)=\varphi(z)$$

从而 $\lim\limits_{z\to z_0}(z-z_0)^m f(z)=\varphi(z_0)\neq 0$.定理 5-2 也可以写成如下形式.

定理 5-2′ 设 $f(z)$ 在 $0<|z-z_0|<\delta(0<\delta\leqslant+\infty)$ 内解析,则 z_0 是 $f(z)$ 的 m 阶极点的充要条件为 $f(z)$ 在 $0<|z-z_0|<\delta$ 内满足

$$\lim_{z\to z_0}(z-z_0)^m f(z)=\varphi(z_0)\neq 0 \tag{5-2}$$

【例 5-3】 判断 $f(z)=\dfrac{1}{(z-1)(z-2)^2}$ 的孤立奇点类型.

解 $z=1$、$z=2$ 是 $f(z)$ 的两个孤立奇点,又

$$\lim_{z\to 1}(z-1)f(z)=\lim_{z\to 1}\frac{1}{(z-2)^2}=1\neq 0$$

所以 $z=1$ 是 $f(z)$的一阶极点.

$$\lim_{z\to 2}(z-2)^2 f(z)=\lim_{z\to 2}\frac{1}{z-1}=1\neq 0$$

所以 $z=2$ 是 $f(z)$的二阶极点.

3.本性奇点

定理 5-3 设 $f(z)$在 $0<|z-z_0|<\delta(0<\delta\leqslant+\infty)$内解析,则 z_0 是 $f(z)$的本性奇点的充要条件为$\lim\limits_{z\to z_0}f(z)$不存在也不等于$\infty$.

【例 5-4】 判断 $f(z)=e^{\frac{1}{z}}$的孤立奇点类型.

解 $z=0$ 是 $f(z)$的孤立奇点,又

$$\lim_{\substack{x\to 0+\\ y=0}}f(z)=\lim_{\substack{x\to 0+\\ y=0}}e^{\frac{1}{z}}=+\infty,\ \lim_{\substack{x\to 0-\\ y=0}}f(z)=\lim_{\substack{x\to 0-\\ y=0}}e^{\frac{1}{z}}=0$$

可知$\lim\limits_{z\to 0}f(z)$不存在且不为∞.因此,$z=0$ 是 $f(z)$的本性奇点.

5.1.3 函数的零点与极点的关系

函数的零点与极点紧密相关,二者之间的关系为判断极点的阶数提供了一种方法.

定义 5-2 设函数 $f(z)$在 z_0 处解析,若 $f(z_0)=0$,则称 z_0 是 $f(z)$的**零点**.

定义 5-3 若 $f(z)=(z-z_0)^m\varphi(z)$,$\varphi(z)$在 z_0 处解析,且 $\varphi(z_0)\neq 0$,m 为某一正数,则称 z_0 是 $f(z)$的 ***m* 阶零点**.

例如函数 $f(z)=z(z-1)^3$,$z=0$ 与 $z=1$ 是 $f(z)$的零点,其中 $z=0$ 为一阶零点,$z=1$ 为三阶零点.

函数 $f(z)$在 z_0 处解析,由解析函数的性质可知,函数在 z_0 处的各阶导数,即 $f^{(n)}(z)(n=1,2,\cdots)$存在.下面的定理给出了利用导数判断零点阶数的依据.

定理 5-4 设函数 $f(z)$在 z_0 处解析,则以下结论等价:

(1)z_0 是 $f(z)$的 m 阶零点

(2)$f^{(n)}(z_0)=0(n=0,1,\cdots,m-1)$,$f^{(m)}(z_0)\neq 0$.

【例 5-5】 判断 $z=0$ 为 $f(z)=z-\sin z$ 的几阶零点.

解

$$f(0)=0,f'(0)=(1-\cos z)|_{z=0}=0$$

$$f''(0)=\sin z|_{z=0}=0,f'''(0)=\cos z|_{z=0}=1\neq 0$$

由定理 5-4 可知,$z=0$ 为 $f(z)$的三阶零点.

由定理 5-2,若 z_0 是 $f(z)$的 m 阶极点,则

$$f(z)=\frac{1}{(z-z_0)^m}\varphi(z),\varphi(z_0)\neq 0$$

令 $g(z)=\dfrac{1}{f(z)}$,有

$$g(z)=\frac{(z-z_0)^m}{\varphi(z)},\quad \varphi(z_0)\neq 0$$

显然,z_0 是 $g(z)$的 m 阶零点.因此,我们有如下定理.

定理 5-5 若 z_0 是 $f(z)$的 m 阶极点,则 z_0 是 $\dfrac{1}{f(z)}$的 m 阶零点.反之亦然.

由零点的定义和定理 5-2 可得下面的定理.

定理 5-6 设 $f(z)=\dfrac{\varphi(z)}{\psi(z)}$,若 z_0 是 $\varphi(z)$的 m 阶零点,是 $\psi(z)$的 n 阶零点,则有:

(1)当 $m>n$ 时,z_0 是 $f(z)$的 $m-n$ 阶零点;

(2)当 $m<n$ 时,z_0 是 $f(z)$的 $n-m$ 阶极点;

(3)当 $m=n$ 时,z_0 是 $f(z)$的可去奇点.

【例 5-6】 判断 $f(z)=\dfrac{e^z-1-z}{z^4}$的孤立奇点类型.

解 $z=0$ 是 $f(z)$的孤立奇点,令

$$\varphi(z)=e^z-1-z,\psi(z)=z^4$$

则

$$f(z)=\frac{\varphi(z)}{\psi(z)}$$

$\varphi'(0)=(e^z-1)|_{z=0}=0,\varphi''(0)=e^z|_{z=0}=1\neq 0$,从而 $z=0$ 是 $\varphi(z)$的二阶零点.

$\psi'''(0)=24z|_{z=0},\varphi^{(4)}(0)=24\neq 0,z=0$ 是 $\psi(z)$的四阶零点.

由定理 5-6 可知,$z=0$ 是 $f(z)$的二阶极点.

习题 5-1

1.找出下列函数的孤立奇点,并判断类型.如为极点,指出阶数.

(1)$\dfrac{\sin z}{z^3(z-1)^2}$; (2)$\dfrac{z+4}{z-z^3}$;

(3) $\dfrac{e^z}{z(2z+1)^2}$；　　(4) $\dfrac{z+2}{z(z^2+1)^2}$；

(5) $ze^{\frac{1}{z}}$；　　(6) $ze^{\frac{1}{z-1}}$；

(7) $\dfrac{1}{z\sin z}$；　　(8) $\dfrac{z-\sin z}{z^3}$；

(9) $\dfrac{1}{(z-a)^m(z-b)^n}$（$m,n$ 为正整数）.

2.证明：$z=0$ 是函数 $\csc z=\dfrac{1}{\sin z}$ 的简单极点.

3.证明：如果 z_0 是函数 $f(z)$ 的 $m(m\geqslant 2)$ 阶零点，那么 z_0 是函数 $f'(z)$ 的 $m-1$ 阶零点.

4.证明：如果 z_0 是函数 $f(z)$ 的 $m(m\geqslant 1)$ 阶极点，那么 z_0 是函数 $f'(z)$ 的 $m+1$ 阶极点.

5.2 留　数

5.2.1 留数的概念

若 $f(z)$ 在 z_0 处解析，则存在 $r>0$，使得 $f(z)$ 在 $|z-z_0|<r$ 内解析，从而由柯西积分定理得到

$$\oint_C f(z)\mathrm{d}z=0$$

其中 C 为圆域内绕 z_0 的任一简单闭曲线.

若 $f(z)$ 在 z_0 处不解析，z_0 是解析函数 $f(z)$ 的孤立奇点，则由洛朗定理，存在 $R>0$，使得 $f(z)$ 在 $0<|z-z_0|<R$ 内解析，从而 $f(z)$ 在此圆环域中可展开为

$$f(z)=\sum_{n=-\infty}^{\infty}C_n(z-z_0)^n.$$

其中，$C_n=\dfrac{1}{2\pi i}\oint_C\dfrac{f(z)}{(z-z_0)^{n+1}}\mathrm{d}z$，$n=0,\pm1,\pm2,\cdots$，而 C 为此圆环域内绕 z_0 的任一简单闭曲线.

特别地，当 $n=-1$ 时

$$C_{-1}=\frac{1}{2\pi i}\oint_C \frac{f(z)}{(z-z_0)^{-1+1}}\mathrm{d}z=\frac{1}{2\pi i}\oint_C f(z)\mathrm{d}z$$

可得

$$\oint_C f(z)\mathrm{d}z=2\pi i C_{-1} \tag{5-3}$$

从上面的分析可知，当 z_0 为 $f(z)$ 的解析点时，积分 $\oint_C f(z)\mathrm{d}z$ 对应常数 0，当 z_0 是 $f(z)$ 的孤立奇点时，$\oint_C f(z)\mathrm{d}z$ 对应另一个常数 C_{-1}，即留数.

定义 5-4 设 z_0 是解析函数 $f(z)$ 的孤立奇点，称 $f(z)$ 在 z_0 处的洛朗展开式中负一次幂项的系数 C_{-1} 为 $f(z)$ 在 z_0 处的**留数**，记作 $\mathrm{Res}[f(z),z_0]$，即 $\mathrm{Res}[f(z),z_0]=C_{-1}$.

【例 5-7】 求 $f(z)=z\mathrm{e}^{\frac{1}{z}}$ 在孤立奇点 $z=0$ 处的留数.

解 由于 $f(z)$ 在 $0<|z|<\infty$ 内的洛朗展开式为

$$\begin{aligned}f(z)=z\mathrm{e}^{\frac{1}{z}}&=z\sum_{n=0}^{\infty}\frac{1}{n!}\left(\frac{1}{z}\right)^n\\&=z\cdot\left(1+\frac{1}{z}+\frac{1}{2!}\frac{1}{z^2}+\frac{1}{3!}\frac{1}{z^3}+\cdots\right)\\&=z+1+\frac{1}{2!}\frac{1}{z}+\frac{1}{3!}\frac{1}{z^2}+\cdots\end{aligned}$$

由定义可知 $\mathrm{Res}[z\mathrm{e}^{\frac{1}{z}},0]=\frac{1}{2!}$.

关于留数的两点说明：

(1) 留数 $\mathrm{Res}[f(z),z_0]$ 只有当 z_0 是函数 $f(z)$ 的孤立奇点时才有意义.例如 $\mathrm{Res}\left[\frac{1}{\sin\left(\frac{1}{z}\right)},0\right]$ 就没有意义，因为 $z=0$ 不是函数 $\frac{1}{\sin\left(\frac{1}{z}\right)}$ 的孤立奇点.

(2) 由柯西积分定理可知，积分 $\oint_C f(z)\mathrm{d}z$ 的值与半径 R 的大小无关，因此留数的值是唯一的.

5.2.2 留数的计算

将函数展开为洛朗级数并不容易，因此有必要根据孤立奇点的类型，寻求计算留数的更简便的方法.

1.可去奇点的留数

设 z_0 是函数 $f(z)$的可去奇点，$f(z)$在 z_0 处的洛朗展开式中没有负幂次项，所以$(z-z_0)^{-1}$的系数为 0，即 $\text{Res}[f(z),z_0]=0$.

例如，函数 $f(z)=\dfrac{\sin z}{z}$，$z=0$ 是函数 $f(z)$的可去奇点，所以

$$\text{Res}\left[\frac{\sin z}{z},0\right]=0.$$

2.极点的留数

对于极点，利用导数计算留数更为简单.我们先对简单的一阶极点，给出计算方法.

准则Ⅰ 若 z_0 是函数 $f(z)$的简单极点，即一阶极点，则

$$\text{Res}[f(z),z_0]=\lim_{z\to z_0}(z-z_0)f(z) \tag{5-4}$$

证明 z_0 是函数 $f(z)$的一阶极点，则存在 $\delta(0<\delta\leqslant+\infty)$，使得 $f(z)$在圆环 $0<|z-z_0|<\delta$ 内解析，$f(z)$在 z_0 处的洛朗展开式为

$$f(z)=C_{-1}(z-z_0)^{-1}+\sum_{n=0}^{\infty}(z-z_0)^n$$

可知

$$(z-z_0)f(z)=C_{-1}+\sum_{n=0}^{\infty}(z-z_0)^{n+1}$$

从而有

$$\lim_{z\to z_0}(z-z_0)f(z)=C_{-1}=\text{Res}[f(z),z_0]$$

【例 5-8】 求 $f(z)=\dfrac{-3z+4}{z(z-1)(z-2)}$在孤立奇点 $z=0$、$z=1$、$z=2$ 处的留数.

解 显然 $z=0$、$z=1$、$z=2$ 都是 $f(z)$的一阶极点，所以有

$$\text{Res}[f(z),0]=\lim_{z\to 0}z\frac{-3z+4}{z(z-1)(z-2)}=\lim_{z\to 0}\frac{-3z+4}{(z-1)(z-2)}=2;$$

$$\text{Res}[f(z),1]=\lim_{z\to 1}(z-1)\frac{-3z+4}{z(z-1)(z-2)}=\lim_{z\to 1}\frac{-3z+4}{z(z-2)}=-1;$$

$$\text{Res}[f(z),2]=\lim_{z\to 2}(z-2)\frac{-3z+4}{z(z-1)(z-2)}=\lim_{z\to 2}\frac{-3z+4}{z(z-1)}=-1.$$

准则Ⅱ 设 $f(z)=\dfrac{P(z)}{Q(z)}$，其中 $P(z)$、$Q(z)$在 z_0 处解析，如果 $P(z_0)\neq0$，z_0 为 $Q(z)$的一阶零点，则 z_0 为 $f(z)$的一阶极点，且

$$\mathrm{Res}[f(z),z_0]=\frac{P(z_0)}{Q'(z_0)} \tag{5-5}$$

证明 z_0 为 $Q(z)$ 的一阶零点，则 z_0 为 $\frac{1}{Q(z)}$ 的一阶极点，可得

$$\frac{1}{Q(z)}=\frac{1}{z-z_0}\varphi(z)$$

其中 $\varphi(z)$ 在 z_0 处解析，且 $\varphi(z_0)\neq 0$.

从而

$$f(z)=\frac{P(z)}{Q(z)}=\frac{1}{z-z_0}\varphi(z)P(z)=\frac{1}{z-z_0}g(z)$$

其中 $g(z)=\varphi(z)P(z)$ 在 z_0 处解析，且 $g(z_0)=\varphi(z_0)P(z_0)\neq 0$，故 z_0 为 $f(z)$ 的一阶极点.

又由准则Ⅰ得

$$\mathrm{Res}[f(z),z_0]=\lim_{z\to z_0}(z-z_0)f(z)=\lim_{z\to z_0}\frac{P(z)}{\dfrac{Q(z)-Q(z_0)}{z-z_0}}=\frac{P(z_0)}{Q'(z_0)}.$$

【例 5-9】 求 $f(z)=\cot z$ 在 $z=0$ 处的留数.

解 因为 $\cot z=\frac{\cos z}{\sin z}$，又 $\cos 0\neq 0$ 且 $z=0$ 是 $\sin z$ 的一阶零点，由准则Ⅱ可知 $z=0$ 是 $f(z)$ 的一阶极点，所以有

$$\mathrm{Res}[\cot z,0]=\frac{\cos z}{(\sin z)'}\bigg|_{z=0}=\frac{\cos 0}{\cos 0}=1.$$

准则Ⅲ 如果 z_0 为 $f(z)$ 的 m 阶极点，则

$$\mathrm{Res}[f(z),z_0]=\frac{1}{(m-1)!}\lim_{z\to z_0}\frac{\mathrm{d}^{m-1}}{\mathrm{d}z^{m-1}}[(z-z_0)^m f(z)] \tag{5-6}$$

证明 z_0 为 $f(z)$ 的 m 阶极点，则 $f(z)$ 在 z_0 处的洛朗展开式为

$$f(z)=C_{-m}(z-z_0)^{-m}+\cdots+C_{-2}(z-z_0)^{-2}+C_{-1}(z-z_0)^{-1}+\sum_{n=0}^{\infty}C_n(z-z_0)^n$$

等式两端同时乘以 $(z-z_0)^m$ 得

$$(z-z_0)^m f(z)=C_{-m}+C_{-m+1}(z-z_0)+\cdots+C_{-1}(z-z_0)^{m-1}+\sum_{n=0}^{\infty}C_n(z-z_0)^{m+n}$$

两端求 $m-1$ 阶导数，得

$$\frac{\mathrm{d}^{m-1}}{\mathrm{d}z^{m-1}}[(z-z_0)^m f(z)]=(m-1)!\,C_{-1}+\{\text{含有}(z-z_0)\text{正次幂的项}\}$$

令 $z \to z_0$，两端求极限，得

$$\lim_{z \to z_0} \frac{\mathrm{d}^{m-1}}{\mathrm{d}z^{m-1}}[(z-z_0)^m f(z)] = (m-1)!\ C_{-1},$$

即有

$$C_{-1} = \frac{1}{(m-1)!} \lim_{z \to z_0} \frac{\mathrm{d}^{m-1}}{\mathrm{d}z^{m-1}}[(z-z_0)^m f(z)].$$

【例 5-10】 求 $f(z)=\frac{\mathrm{e}^{-z}}{z^2}$ 在 $z=0$ 处的留数.

解 $z=0$ 是 $f(z)$ 的二阶极点，由准则Ⅲ有

$$\mathrm{Res}[f(z),0] = \frac{1}{(2-1)!} \lim_{z \to 0} \frac{\mathrm{d}}{\mathrm{d}z}\left[(z-0)^2 \frac{\mathrm{e}^{-z}}{z^2}\right] = \lim_{z \to 0}(-\mathrm{e}^{-z}) = -1$$

3.本性奇点的留数

若 z_0 是函数 $f(z)$ 的本性奇点，情形没有极点处那么简单，通常需要将函数展开成洛朗级数才能求出留数.

5.2.3 留数定理

从式(5-3)可知，利用留数可以计算函数在闭合曲线上的积分.如果函数在闭合曲线所围的区域内除有限个奇点外处处解析，则这些奇点必为孤立奇点，于是，我们有如下定理.

定理 5-7(留数定理) 设函数 $f(z)$ 在区域 D 内除有限个孤立奇点 $z_1, z_2, \cdots, z_n$ 外处处解析，C 是 D 内包围各奇点的一条正向简单闭曲线，则

$$\oint_C f(z)\mathrm{d}z = 2\pi i \sum_{k=1}^{n} \mathrm{Res}[f(z), z_k] \tag{5-7}$$

证明 以 $z_k(k=1,2,\cdots,n)$ 为圆心，作正向圆周 C_k，这些圆周都在 C 的内部，且互不包含互不相交(图 5-1).

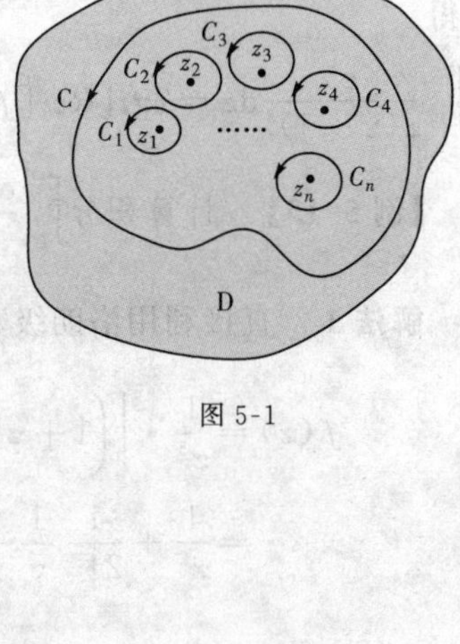

图 5-1

由复合变形定理可知

$$\oint_C f(z)\mathrm{d}z = \sum_{k=1}^{n} \oint_{C_k} f(z)\mathrm{d}z$$

由式(5-3)

$$\oint_{C_k} f(z)\mathrm{d}z = 2\pi i \mathrm{Res}[f(z), z_k]$$

从而

$$\oint_C f(z)\mathrm{d}z=\sum_{k=1}^{n}2\pi i\,\mathrm{Res}[f(z),z_k]=2\pi i\sum_{k=1}^{n}\mathrm{Res}[f(z),z_k]$$

【例 5-11】 计算积分$\oint_C \frac{z\mathrm{e}^z}{z^2-1}\mathrm{d}z$,其中 C 为正向圆周 $|z|=2$.

解 在 $|z|=2$ 内,$\frac{z\mathrm{e}^z}{z^2-1}$ 有两个一阶极点 $z=\pm1$,又

$$\mathrm{Res}[f(z),1]=\lim_{z\to1}(z-1)\frac{z\mathrm{e}^z}{(z^2-1)}=\lim_{z\to1}\frac{z\mathrm{e}^z}{z+1}=\frac{\mathrm{e}}{2},$$

$$\mathrm{Res}[f(z),-1]=\lim_{z\to-1}(z+1)\frac{z\mathrm{e}^z}{(z^2-1)}=\lim_{z\to-1}\frac{z\mathrm{e}^z}{z-1}=\frac{\mathrm{e}^{-1}}{2},$$

从而有

$$\oint_C\frac{z\mathrm{e}^z}{z^2-1}\mathrm{d}z=2\pi i\,\mathrm{Res}[f(z),1]+2\pi i\,\mathrm{Res}[f(z),-1)]$$

$$=2\pi i\left(\frac{e}{2}+\frac{\mathrm{e}^{-1}}{2}\right)=\pi i(\mathrm{e}+\mathrm{e}^{-1}).$$

【例 5-12】 计算积分$\oint_C \frac{\mathrm{e}^z}{z(z-1)^2}\mathrm{d}z$,其中 C 为正向圆周 $|z|=2$.

解 在 $|z|=2$ 内,$\frac{\mathrm{e}^z}{z(z-1)^2}$ 有一阶极点 $z=0$,二阶极点 $z=1$.

$$\mathrm{Res}[f(z),0]=\lim_{z\to0}z\frac{\mathrm{e}^z}{z(z-1)^2}=\lim_{z\to0}\frac{\mathrm{e}^z}{(z-1)^2}=1.$$

$$\mathrm{Res}[f(z),1]=\frac{1}{(2-1)!}\lim_{z\to1}\frac{\mathrm{d}}{\mathrm{d}z}\left[(z-1)^2\frac{\mathrm{e}^z}{z(z-1)^2}\right]$$

$$=\lim_{z\to1}\frac{\mathrm{d}}{\mathrm{d}z}\left(\frac{\mathrm{e}^z}{z}\right)=\lim_{z\to1}\frac{\mathrm{e}^z(z-1)}{z^2}=0,$$

可得

$$\oint_C\frac{\mathrm{e}^z}{z(z-1)^2}\mathrm{d}z=2\pi i[\mathrm{Res}[f(z),0]+\mathrm{Res}[f(z),1]]=2\pi i(1+0)=2\pi i.$$

【例 5-13】 计算积分$\oint_C \frac{\mathrm{e}^z-1}{z^3}\mathrm{d}z$,其中 C 为正向圆周 $|z|=2$.

解法 1 直接利用洛朗级数展开式将$\frac{\mathrm{e}^z-1}{z^3}$在 $z=0$ 处展开为洛朗级数,得

$$f(z)=\frac{1}{z^3}\cdot\left[\left(1+z+\frac{1}{2!}z^3+\frac{1}{3!}z^3+\frac{1}{4!}z^4+\cdots\right)-1\right]$$

$$=\frac{1}{z^2}+\frac{1}{2!}\frac{1}{z}+\frac{1}{3!}+\frac{1}{4!}z+\cdots$$

故 $\text{Res}[f(z),0]=C_{-1}=\frac{1}{2!}$，从而有

$$\oint_C \frac{e^z-1}{z^3}dz=2\pi i\text{Res}[f(z),0]=2\pi i\cdot\frac{1}{2!}=\pi i$$

解法 2 利用极点的留数计算法则，$z=0$ 为$\frac{e^z-1}{z^3}$的二阶极点

$$\text{Res}[f(z),0]=\frac{1}{(2-1)!}\lim_{z\to 0}\left[z^2\frac{e^z-1}{z^3}\right]'=\lim_{z\to 0}\frac{e^z\cdot z-e^z+1}{z^2}=\frac{1}{2}$$

可得

$$\oint_C \frac{e^z-1}{z^3}dz=2\pi i\text{Res}[f(z),0]=2\pi i\cdot\frac{1}{2}=\pi i.$$

习题 5-2

1.求下列函数在其有限孤立奇点处的留数.

(1) $\frac{e^z-1}{z}$；　(2) $\frac{2z-1}{(z-2)(z-1)}$；

(3) $\frac{e^z}{(z-1)^3}$；　(4) $\frac{1}{z^2+4}$；

(5) $z\sin\frac{1}{z}$；　(6) $\frac{\sin z}{z^2(z+2)^3}$；

(7) $\frac{z^2+2z}{(z-i)^2}$；　(8) $\frac{z}{(z-a)(z-b)^n}$($a,b\neq 0$，且 $a\neq b$，n 为自然数)

2.利用留数计算下列积分.

(1)$\oint_{|z|=1}\frac{\sin z}{z}dz$；　(2)$\oint_{|z|=\frac{1}{2}}\frac{z+2}{(z+1)(z-1)}dz$；

(3)$\oint_{|z|=2}\frac{\sin 2z}{(z+1)^2}dz$；　(4)$\oint_{|z|=1}\frac{z+2}{(2z+1)(z-2)}dz$；

(5)$\oint_{|z|=4}\frac{e^z}{(z+1)(z-3)}dz$；　(6)$\oint_{|z|=1}\frac{1-\cos z}{z^n}dz$($n$ 为正整数).

3.设 C 为复平面上任意一条不经过 $z=0,1$ 的正向简单闭曲线，求

$$I=\oint_C \frac{\cos z}{z^3(z-1)}dz.$$

4.设 z_0 为 $f(z)$ 的 $m(m\geqslant 2)$ 阶零点，求 $\text{Res}\left[\frac{f'(z)}{f(z)},z_0\right]$.

5.3 留数的应用

5.3.1 留数定理在定积分中的应用

在实际应用当中,通常需要计算一些特殊类型的积分,这些积分的原函数可能并不能用初等函数表示,或者即使能求出原函数,计算也比较复杂.留数定理为这些积分的计算提供了简便的方法.我们就几个特殊类型举例说明.

1.形如$\int_0^{2\pi} R(\cos\theta,\sin\theta)\mathrm{d}\theta$型的积分

其中$R(\cos\theta,\sin\theta)$表示$\cos\theta,\sin\theta$的有理函数,在$[0,2\pi]$上连续.由$\theta\in[0,2\pi]$,z正好沿单位圆$|z|=1$正向绕行一周.可设$z=\mathrm{e}^{i\theta}$,则$\mathrm{d}z=iz\mathrm{d}\theta$,且

$$\sin\theta=\frac{\mathrm{e}^{i\theta}-\mathrm{e}^{-i\theta}}{2i}=\frac{z^2-1}{2iz},\quad \cos\theta=\frac{\mathrm{e}^{i\theta}+\mathrm{e}^{-i\theta}}{2}=\frac{z^2+1}{2z}$$

得

$$\int_0^{2\pi} R(\cos\theta,\sin\theta)\mathrm{d}\theta=\oint_{|z|=1} R\left(\frac{z^2+1}{2z},\frac{z^2-1}{2iz}\right)\frac{\mathrm{d}z}{iz}=\oint_{|z|=1} f(z)\mathrm{d}z.$$

由于$R(\cos\theta,\sin\theta)$在$[0,2\pi]$上连续,所以$f(z)=R\left(\frac{z^2+1}{2z},\frac{z^2-1}{2iz}\right)\frac{1}{iz}$为有理函数,且在$|z|=1$上分母不为零,即在$|z|=1$上无奇点,设$f(z)$在$|z|=1$内有有限个孤立奇点$z_1,z_2,\cdots,z_n$,则由留数定理可得

$$\int_0^{2\pi} R(\cos\theta,\sin\theta)\mathrm{d}\theta=\oint_{|z|=1} f(z)\mathrm{d}z$$
$$=2\pi i\sum_{k=1}^{n}\mathrm{Res}[f(z),z_k].$$

【例 5-14】 计算$I=\int_0^{2\pi}\frac{\mathrm{d}\theta}{5+3\cos\theta}$的值.

解 令$z=\mathrm{e}^{i\theta}$,则

$$I=\int_0^{2\pi}\frac{\mathrm{d}\theta}{5+3\cos\theta}=\oint_{|z|=1}\frac{2}{i(3z^2+10z+3)}\mathrm{d}z$$
$$=\frac{2}{i}\oint_{|z|=1}\frac{1}{(3z+1)(z+3)}\mathrm{d}z$$

其中$f(z)=\frac{1}{(3z+1)(z+3)}$在$|z|=1$内有一阶极点$z=-\frac{1}{3}$,又

$$\text{Res}\left[f(z),-\frac{1}{3}\right]=\lim_{z\to-\frac{1}{3}}(3z+1)\frac{1}{(3z+1)(z+3)}=\lim_{z\to-\frac{1}{3}}\frac{1}{(z+3)}=\frac{3}{8}$$

所以

$$I=\int_0^{2\pi}\frac{d\theta}{5+3\cos\theta}=\frac{2}{i}\cdot 2\pi i\cdot\frac{3}{8}=\frac{3}{2}\pi.$$

【例 5-15】 计算 $I=\int_0^{2\pi}\frac{\cos 2\theta}{1-2p\cos\theta+p^2}d\theta\,(0<p<1)$ 的值.

解 在 $[0,2\pi]$ 内,有 $1-2p\cos\theta+p^2=(1-p)^2+2p(1-\cos\theta)\neq 0$,该积分为定积分.又

$$\cos\theta=\frac{e^{i\theta}+e^{-i\theta}}{2}=\frac{z^2+1}{2z},$$

$$\cos 2\theta=\frac{1}{2}(e^{2i\theta}+e^{-2i\theta})=\frac{1}{2}(z^2+z^{-2})$$

从而有

$$I=\int_0^{2\pi}\frac{\cos 2\theta}{1-2p\cos\theta+p^2}d\theta=\oint_{|z|=1}\frac{z^2+z^{-2}}{2}\frac{1}{1-2p\frac{z+z^{-1}}{2}+p^2}\frac{dz}{iz}$$

$$=\oint_{|z|=1}\frac{1+z^4}{2iz^2(1-pz)(z-p)}dz=\oint_{|z|=1}f(z)dz.$$

被积函数 $f(z)=\frac{1+z^4}{2iz^2(1-pz)(z-p)}$ 在 $|z|=1$ 内有孤立奇点 $z=0$ 和 $z=p$,其中 $z=0$ 为二阶极点,$z=p$ 为一阶极点 ,故

$$\begin{aligned}\text{Res}[f(z),0]&=\lim_{z\to 0}\frac{d}{dz}\left[z^2\frac{1+z^4}{2iz^2(1-pz)(z-p)}\right]\\&=\lim_{z\to 0}\frac{(z-pz^2-p+p^2z)4z^3-(1+z^4)(1-2pz+p^2)}{2i(z-pz^2-p+p^2z)^2}\\&=-\frac{1+p^2}{2ip^2},\end{aligned}$$

$$\text{Res}[f(z),p]=\lim_{z\to p}(z-p)\frac{1+z^4}{2iz^2(1-pz)(z-p)}=\frac{1+p^4}{2ip^2(1-p^2)},$$

所以有

$$I=2\pi i\left[-\frac{1+p^2}{2ip^2}+\frac{1+p^4}{2ip^2(1-p^2)}\right]=\frac{2\pi p^2}{1-p^2}.$$

2.形如 $\int_{-\infty}^{+\infty}f(x)dx$ 型的积分

其中 $f(z)=\frac{P(Z)}{Q(Z)}$,$P(Z)$、$Q(Z)$ 均为关于 z 的多项式,$Q(Z)$ 在实轴上无

零点，且分母 $Q(Z)$ 的次数至少比分子 $P(z)$ 的次数高两次.若 $f(z)$ 在上半平面上的极点为 $z_k(k=1,2,\cdots,n)$，则有

$$\int_{-\infty}^{+\infty} f(x)\mathrm{d}x = 2\pi i\sum_{k=1}^{n}\mathrm{Res}[f(z),z_k].$$

【例 5-16】 计算 $I=\int_{-\infty}^{+\infty}\dfrac{x^2\mathrm{d}x}{(x^2+a^2)(x^2+b^2)}(a>0,b>0)$ 的值.

解 取 $f(z)=\dfrac{z^2}{(z^2+a^2)(z^2+b^2)}$，$f(z)$ 在上半平面的奇点 ai、bi 都为一阶极点.又

$$\mathrm{Res}[f(z),ai]=\lim_{z\to ai}(z-ai)\frac{z^2}{(z^2+a^2)(z^2+b^2)}=\frac{-a^2}{2ai(b^2-a^2)}=\frac{a}{2i(a^2-b^2)},$$

$$\mathrm{Res}[f(z),bi]=\lim_{z\to bi}(z-bi)\frac{z^2}{(z^2+a^2)(z^2+b^2)}=\frac{-b^2}{2bi(a^2-b^2)}=\frac{-b}{2i(a^2-b^2)},$$

所以有

$$I=2\pi i\left[\frac{a}{2i(a^2-b^2)}+\frac{-b}{2i(a^2-b^2)}\right]=\frac{\pi}{a+b}.$$

3.形如 $\int_{-\infty}^{+\infty}R(x)\mathrm{e}^{iax}\mathrm{d}x\ (a>0)$ 型的积分

对这种类型的积分，若满足下列条件

(1)$R(z)=\dfrac{P(z)}{Q(z)}$，$Q(z)$ 的次数比 $P(z)$ 的次数至少高一次；

(2)$R(z)$ 在实轴上没有孤立奇点；

(3)$R(z)\mathrm{e}^{iaz}$ 在上半平面有奇点 $z_k(k=1,2,\cdots,n)$.

则积分存在，且

$$\int_{-\infty}^{+\infty}R(x)\mathrm{e}^{iax}\mathrm{d}x=2\pi i\sum_{k=1}^{n}\mathrm{Res}[R(z)\mathrm{e}^{iaz},z_k]$$

【例 5-17】 计算 $\int_{-\infty}^{+\infty}\dfrac{\cos x}{x^2+a^2}\mathrm{d}x\,(a>0)$ 的值.

解 取 $R(z)=\dfrac{1}{z^2+a^2}$，$R(z)$ 在实轴上没有奇点，积分存在，且有

$$\int_{-\infty}^{+\infty}\frac{\mathrm{e}^{ix}}{x^2+a^2}\mathrm{d}x=\int_{-\infty}^{+\infty}\frac{\cos x+i\sin x}{x^2+a^2}\mathrm{d}x=\int_{-\infty}^{+\infty}\frac{\cos x}{x^2+a^2}\mathrm{d}x+i\int_{-\infty}^{+\infty}\frac{\sin x}{x^2+a^2}\mathrm{d}x$$

所求积分为 $\int_{-\infty}^{+\infty}\dfrac{\mathrm{e}^{ix}}{x^2+a^2}\mathrm{d}x$ 的实部.又函数 $\dfrac{\mathrm{e}^{iz}}{z^2+a^2}$ 在上半平面只有一个一阶极点 $z=ai$，所以有

$$\operatorname{Res}\left[\frac{e^{iz}}{z^2+a^2},ai\right]=\lim_{z\to ai}(z-ai)\frac{e^{iz}}{z^2+a^2}=\lim_{z\to ai}\frac{e^{iz}}{z+ai}=\frac{e^{-a}}{2ai}$$

从而

$$\int_{-\infty}^{+\infty}\frac{e^{ix}}{x^2+a^2}dx=2\pi i\operatorname{Res}\left[\frac{e^{iz}}{z^2+a^2},ai\right]=2\pi i\cdot\frac{e^{-a}}{2ai}=\frac{\pi e^{-a}}{a}$$

故有

$$\int_{-\infty}^{+\infty}\frac{\cos x}{x^2+a^2}dx=\frac{\pi e^{-a}}{a}.$$

【例 5-18】 计算 $I=\int_{-\infty}^{+\infty}\frac{x\sin x}{x^2+a^2}dx\,(a>0)$ 的值.

解 取 $R(z)=\frac{z}{z^2+a^2}$，$R(z)$ 在实轴上没有孤立奇点，则积分存在，且该积分为积分 $\int_{-\infty}^{+\infty}\frac{xe^{ix}}{x^2+a^2}dx$ 的虚部.$R(z)$ 在上半平面只有一个一阶极点 $z=ai$，有

$$\int_{-\infty}^{+\infty}\frac{x}{x^2+a^2}e^{ix}dx=2\pi i\operatorname{Res}[R(z)e^{iz},ai]=2\pi i\frac{e^{-a}}{2}=\pi ie^{-a}$$

可得

$$\int_{-\infty}^{+\infty}\frac{x\sin x}{x^2+a^2}dx=\pi e^{-a}.$$

5.3.2 辐角原理和儒歇(Rouché)定理

定义 5-5 形如 $\frac{1}{2\pi i}\oint_c\frac{f'(z)}{f(z)}dz=\frac{1}{2\pi i}\oint_c d(\mathrm{Ln}f(z))$ 的积分称为 $f(z)$ 的对数留数.

定理 5-8 (1) 设 a 为 $f(z)$ 的 n 阶零点，则 a 必是 $\frac{f'(z)}{f(z)}$ 的一阶极点，且 $\operatorname{Res}\left[\frac{f'(z)}{f(z)},a\right]=n$；

(2) 设 b 是 $f(z)$ 的 m 阶极点，则 b 必是 $\frac{f'(z)}{f(z)}$ 的一阶极点，且 $\operatorname{Res}\left[\frac{f'(z)}{f(z)},b\right]=-m$.

定理 5-9 设 C 为简单闭曲线，若 $f(z)$ 满足：

(1) $f(z)$ 在 C 内除可能极点外解析；

(2) $f(z)$ 在 C 上解析，且不为零

则有

$$\frac{1}{2\pi i}\oint_{c}\frac{f'(z)}{f(z)}\mathrm{d}z=N(f,c)-P(f,c) \tag{5-8}$$

其中，$N(f,c)$ 与 $P(f,c)$ 分别表示 $f(z)$ 在 C 内部的零点个数与极点个数.个数计算按重数计算，如 n 阶零点计为零点有 n 个.

证明 设 $f(z)$ 在 C 内部有 m 个不同的零点 $a_1,a_2,\cdots,a_m$，其阶数分别为 $\alpha_1,\alpha_2,\cdots,\alpha_m$，$f(z)$ 在内部有 n 个不同的极点 $b_1,b_2,\cdots,b_n$，其阶数分别为 $\beta_1,\beta_2,\cdots,\beta_n$，由定理 5-8 得

$$\oint_{c}\frac{f'(z)}{f(z)}\mathrm{d}z=\sum_{i=1}^{m}\mathrm{Res}\left(\frac{f'(z)}{f(z)},a_i\right)+\sum_{i=1}^{n}\mathrm{Res}\left(\frac{f'(z)}{f(z)},b_i\right)$$

$$=\sum_{i=1}^{m}\alpha_i-\sum_{i=1}^{n}\beta_i=N(f,c)-P(f,c)$$

推论 若 $f(z)$ 在 C 内部解析，则 $\frac{1}{2\pi i}\oint_{c}\frac{f'(z)}{f(z)}\mathrm{d}z=N(f,c)$.

【例 5-19】 计算 $I=\oint_{|z|=2}\frac{z}{z^2-1}\mathrm{d}z$.

解 令 $f(z)=z^2-1$，$f(z)$ 在 $|z|=2$ 内解析.z^2-1 在 $|z|<2$ 内有两个一阶零点 $z=\pm1$.由定理 5-9

$$\oint_{|z|=2}\frac{z}{z^2-1}\mathrm{d}z=\frac{1}{2}\oint_{|z|=2}\frac{(z^2-1)'}{z^2-1}\mathrm{d}z=\frac{1}{2}\cdot 2\pi i(N-P)$$

$$=\frac{1}{2}\cdot 2\pi i(2-0)=2\pi i.$$

下面我们对式(5-8)的几何意义进行分析.由于

$$\frac{1}{2\pi i}\oint_{c}\frac{f'(z)}{f(z)}\mathrm{d}z=\frac{1}{2\pi i}\oint_{c}\mathrm{d}(\mathrm{Ln}f(z))=\frac{1}{2\pi i}\Delta_c\mathrm{Ln}f(z)$$

$$=\frac{1}{2\pi i}\Delta_c[\ln|f(z)|+i\arg f(z)]$$

其中 $\Delta_c\mathrm{Ln}f(z)$ 表示 z 沿 C 绕行一周时 $\mathrm{Ln}f(z)$ 获得的增量.又 $\ln|f(z)|$ 是单值函数，当 z 从 C 上某点出发沿 C 正向绕行一周回到 z_0 时，$\ln|f(z)|$ 的值也回到原来的 $\ln|f(z_0)|$，所以 $\Delta_c\ln|f(z)|=0$，从而得到

$$\frac{1}{2\pi i}\oint_{c}\frac{f'(z)}{f(z)}\mathrm{d}z=\frac{1}{2\pi}\Delta_c\arg f(z)$$

结合定理 5-9，可以得到下面的定理：

定理 5-10(辐角原理) 在定理 5-9 的条件下，$f(z)$ 在 C 内部的零点个数与极点个数之差等于 z 沿 C 正向绕行一周 $\arg f(z)$ 获得的增量乘以 $\frac{1}{2\pi}$，即

$$N(f,c)-P(f,c)=\frac{1}{2\pi}\Delta_c \arg f(z) \tag{5-9}$$

特别地,若 $f(z)$ 在 C 内解析,则

$$N(f,c)=\frac{1}{2\pi}\Delta_c \arg f(z)$$

由辐角原理可以得到另一个重要定理即儒歇定理,该定理在讨论函数在某区域内零点、极点个数时相比辐角定理更加实用.

定理 5-11(儒歇定理) 设 C 为简单闭曲线,$f(z)$ 与 $g(z)$ 满足:

(1) 在 C 上和它的内部解析;

(2) 在 C 上每一点都有 $|f(z)|>|g(z)|$.

则有,按重数计算,$f(z)$ 和 $f(z)+g(z)$ 在 C 内有相同个数的零点.

证明 设 $f(z)$、$f(z)+g(z)$ 在 C 内零点的个数分别为 m、n.由 $|f(z)|>|g(z)|$,可知

$$|f(z)+g(z)|\geqslant|f(z)|-|g(z)|>0$$

即 $f(z)$、$f(z)+g(z)$ 在 C 上都没有零点,由辐角原理

$$m=\frac{1}{2\pi}\Delta_c \arg f(z),\ n=\frac{1}{2\pi}\Delta_c \arg[f(z)+g(z)]$$

证明 $\Delta_c \arg f(z)=\Delta_c \arg[f(z)+g(z)]$ 即可.又

$$\Delta_c \arg[f(z)+g(z)]=\Delta_c \arg f(z)+\Delta_c \arg\left(1+\frac{g(z)}{f(z)}\right)$$

记 $w=1+\dfrac{g(z)}{f(z)}$,它把 C 变为 w 平面上曲线 Γ.由于 $|w-1|=\left|\dfrac{g(z)}{f(z)}\right|<1$,故 Γ 不会绕平面原点 $w=0$.所以 $\Delta_c \arg\left(1+\dfrac{g(z)}{f(z)}\right)=0$,从而

$$\Delta_c \arg[f(z)+g(z)]=\Delta_c \arg f(z).$$

【例 5-20】 判断 $z^4-6z+1=0$ 分别在 $|z|<1$ 和 $1<|z|<3$ 内有几个根.

解 (1) 设 $f(z)=-6z$,$g(z)=z^4+1$,其中在 $|z|=1$ 上有

$$|f(z)|=|-6z|=6,\ |g(z)|=|z^4+1|\leqslant|z^4|+1=2$$

即 $|f(z)|>|g(z)|$.

由儒歇定理可知 $f(z)=-6z$ 和 $f(z)+g(z)=z^4-6z+1$ 在 C 内有相同个数的零点.由于 $f(z)$ 在 $|z|<1$ 内只有一个一阶零点 $z=0$,所以 $f(z)+g(z)$ 在 $|z|<1$ 内只有一个零点,即方程只有一个根.

(2) 设 $f(z)=z^4$,$g(z)=-6z+1$,在 $|z|=3$ 上有

$$|f(z)|=|z^4|=81,\ |g(z)|=|-6z+1|\leqslant 6|z|+1=19$$

即 $|f(z)|>|g(z)|$.

由儒歇定理知 $f(z)=z^4$ 和 $f(z)+g(z)=z^4-6z+1$ 在 C 内有相同个数的零点.由于 $f(z)$ 在 $|z|<3$ 内只有一个四阶零点 $z=0$,所以 $f(z)+g(z)$ 在 $|z|<3$ 内有四个零点,即方程有四个根.当 $|z|=1$ 时,$z^4-6z+1\neq 0$,因此,在圆环 $1<|z|<3$ 内,$z^4-6z+1=0$ 有 $4-1=3$ 个根.

习题 5-3

1.计算下列积分.

(1)$\int_0^{2\pi}\frac{d\theta}{1+\cos\theta}$;　　(2)$\int_0^{\pi}\frac{\cos\theta}{5+4\cos\theta}d\theta$;

(3)$\int_{-\infty}^{+\infty}\frac{1}{1+x^4}dx$;　　(4)$\int_{-\infty}^{+\infty}\frac{x^2-x+2}{x^4+10x^2+9}dx$;

(5)$\int_{-\infty}^{+\infty}\frac{e^{ix}}{x^2+4}dx$;　　(6)$\int_{-\infty}^{+\infty}\frac{x\cos x}{x^2-2x+10}dx$.

2.设 $f(z)=\frac{(2z-1)^3}{z(z-1)^4}$,$c$:$|z|=2$.求 $\frac{1}{2\pi i}\int_C\frac{f'(z)}{f(z)}dz$.

3.判断 $z^4-8z+6=0$ 分别在 $|z|<1$、$1<|z|<3$ 内有几个根.

4.判断 $z^8-5z^5-2z+1=0$ 在 $|z|<1$ 内有几个根.

5.判断 $z^6+6z+12=0$ 在 $|z|<1$ 内有几个根.

第 6 章 共形映射

前几章主要是用分析的方法，也就是用微分、积分和级数等来讨论解析函数的性质和应用.内容主要涉及柯西理论.在这一章中，我们将从几何的角度来对解析函数的性质和应用进行讨论.

第一章曾讲，一个复变函数 $w=f(z)(z\in E)$，从几何观点看来，可以解释为从平面 z 到平面 w 的一个变换，本章将讨论解析函数所构成的变换（简称解析变换）的某些重要特性.这种变换在导数不为零的点处具有一种保角的特性，它在数学本身以及在解决流体力学、弹性力学、电学等学科的实际问题中，都是一种使问题化繁为简的重要方法.

6.1 解析变换的特性

6.1.1 解析变换的保域性

定义 6-1（保域定理） 设 $w=f(z)$ 在区域 D 内解析且不恒为常数，则 D 的像 $G=f(D)$ 也是一个区域.

证明 按区域的定义，要证 $G=f(D)$ 是一个连通开集.

首先证明 G 是一个开集即证 G 的每一个点都是内点，设 w_0 是 G 内的任意一点，则存在 $z_0\in D$，使得 $f(z_0)=w_0$，由儒歇定理，必存在 w_0 的一个邻域 $|w_*-w_0|<\delta$.对于其中的任一数 $w=A$，函数 $f(z)-A$ 在 $|z-z_0|<\rho$ 内（$|z-z_0|<\rho$ 是 D 内的邻域）必有根，即 $w=A$，记作 $|w-w_0|\subset G$.表明 w_0 是 G 的内点.由 w_0 的任意性知 G 是开集.

其次证明 G 是连通集.由于 D 是区域，可在 D 内部取一条联结 z_1、z_2 的折线

$$C: z=z(t)[t_1\leqslant t\leqslant t_2, z(t_1)=z_1, z(t_2)=z_2]$$

于是，$\Gamma: w=f[z(t)](t_1\leqslant t\leqslant t_2)$ 就是联结 w_1、w_2 的并且完全含于 G 的一条曲

线.从而,由柯西积分定理的古萨证明第三步,可以找到一条联结 w_1、w_2 内接于 Γ 且完全含于 G 的折线 Γ.

从以上两点,表明 $G=f(D)$是区域.

定义 6-1 设函数 $f(x)$在区域 D 内有定义,且对 D 内任意不同的两点 z_1、z_2 都有 $f(z_1)\neq f(z_2)$,则称函数 $f(x)$在区域 D 内是单叶的,并且称区域 D 为 $f(x)$的单叶性区域.

定理 6-2 设 $w=f(z)$在区域 D 内单叶解析,则 D 的像 $G=f(D)$也是一个区域.

证明 由 $f(z)$在区域 D 内单叶,必有 $f(z)$在 D 内不恒为常数.

注意 定理 6-1 可以推广为这样的形式:$w=f(z)$在扩充 z 平面的区域 D 内亚纯,即在 D 内有定义且除极点外处处解析,同时 $w=f(z)$在 D 内不恒为常数,则 D 的像 $G=f(D)$为扩充 w 平面上的区域.

定理 6-3 设函数 $w=f(z)$在点 z_0 解析,且 $f'(z_0)\neq 0$,则 $f(z)$在 z_0 的一个邻域内单叶解析.

由此可见,符合本定理条件的解析变换 $w=f(z)$将 z_0 的一个充分小邻域变成 $w_0=f(z_0)$的一个曲边邻域.

6.1.2 解析变换的保角——导数的几何意义

设 $w=f(z)$于区域 D 内解析,$z_0\in D$,在点 z_0 有导数 $f'(z_0)\neq 0$.通过 z_0 任意引一条有向光滑曲线

$$C:z=z(t)\,(t_0\leqslant t\leqslant t_1),$$

$z_0=z(t_0)$,则必有 $z'(t_0)$存在且 $z'(t_0)\neq 0$,从而 C 在 z_0 处有切线,$z'(t_0)$就是切向量,它的倾角为 $\varphi=\arg z'(t_0)$.经过变换 $w=f(z)$,C 的像曲线 $\Gamma=f(C)$的参数方程应为

$$\Gamma:w=f[z(t)]\quad (t_0\leqslant t\leqslant t_1)$$

由定理 6-3,Γ 在点 $w_0=w(t_0)$的邻域内是光滑的,又由于 $w'(t_0)=f'(z_0)z'(t_0)\neq 0$,故 Γ 在 $w_0=f(z_0)$也有切线,$w'(t_0)$就是切向量,其倾角为

$$\psi=\arg w'(t_0)=\arg f'(z_0)+\arg z'(t_0),$$

即

$$\psi=\varphi+\arg f'(z_0)$$

假设

$$f'(z_0)=R\mathrm{e}^{i\alpha}$$

则必有

$$|f'(z_0)|=R,\arg f'(z_0)=a,$$

于是

$$\psi-\varphi=a \tag{6-1}$$

且

$$\lim_{\Delta z\to 0}\left|\frac{\Delta w}{\Delta z}\right|=R\neq 0 \tag{6-2}$$

假定 x 轴与 u 轴、y 轴与 v 轴的正方向相同(图 6-1),而且将原曲线的切线正方向与变换后像曲线的切线正方向间的夹角理解为原曲线经过变换后的旋转角,则

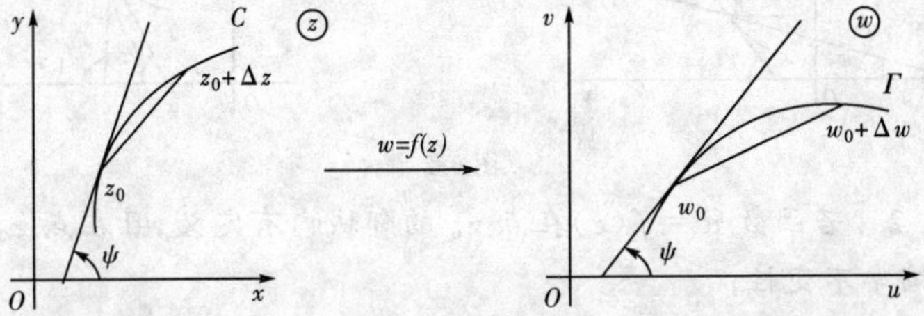

图 6-1

式(6-1)说明:像曲线 Γ 在点 $w_0=f(z_0)$ 的切线正向,可由原像曲线 C 在点 z_0 的切线正向旋转一个角 $\arg f'(z_0)$ 得出:$\arg f'(z_0)$ 仅与点 z_0 有关,而与过点 z_0 的曲线 C 的选择无关,称为变换 $w=f(z)$ 在点的**旋转角**.这也就是导数辐角的几何意义.

式(6-2)说明:像点间无穷小距离与原像点间的无穷小距离之比的极限是 $R=|f'(z_0)|$,它仅与点 z_0 有关,而与过点 z_0 的曲线 C 的方向无关,称为变换 $w=f(z)$ 在点 z_0 的**伸缩率**.这也就是导数模的几何意义.

上面提到的旋转角与 C 的选择无关的这个性质,称为**旋转角不变性**;伸缩率与 C 的方向无关这个性质,称为**伸缩率不变性**.

从几何意义上看:如果忽略高阶无穷小,伸缩率不变性就表示 $w=f(z)$ 将 $z=z_0$ 处无穷小的圆变成 $w=w_0$ 处的无穷小的圆,其半径之比为 $|f'(z_0)|$.

上面的讨论说明:解析函数在导数不为零的地方具有旋转角不变性与伸缩率不变性.

经点 z_0 的两条有向曲线 C_1、C_2 的切线方向所构成的角,称为两曲线在该点的**夹角**.设 $C_i\,(i=1,2)$ 在点 z_0 的切线倾角为 $\varphi_i\,(i=1,2)$;C_i 在变换 $w=f(z)$ 下的像曲线 Γ_i 在点 $w_0=f(z_0)$ 的切线倾角为 $\Psi_i\,(i=1,2)$,则由式(6-1)有

$$\Psi_1-\varphi_1=a \text{ 及 } \Psi_2-\varphi_2=a$$

即有

$$\Psi_1-\varphi_1=\Psi_2-\varphi_2$$

所以

$$\Psi_1-\Psi_2=\varphi_1-\varphi_2=\delta$$

这里 $\varphi_1-\varphi_2$ 是 C_1 和 C_2 在点 z_0 的夹角(反时针方向为正)，$\Psi_1-\Psi_2$ 是 Γ_1 和 Γ_2 在像点 $w_0=f(z_0)$的夹角(反时针方向为正).由此可见，这种保角性既保持夹角的大小，又保持夹角的方向(图 6-2).

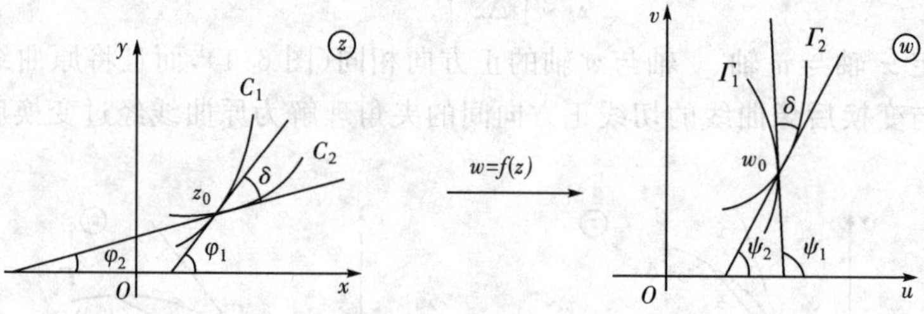

图 6-2

定义 6-2 若函数 $w=f(z)$在点 z_0 的邻域内有定义，且在点 z_0 具有：

(1)伸缩率不变性；

(2)过点 z_0 的任意两曲线的夹角在变换 $w=f(z)$下，既保持大小，又保持方向；则称函数 $w=f(z)$在**点 z_0 是保角的**.或称 $w=f(z)$在点 z_0 处是保角变换.如果 $w=f(z)$在区域 D 内处处都是保角的，则称 $w=f(z)$在**区域 D 内是保角的**，或称 $w=f(z)$在区域 D 内是**保角变换**.

下面我们来讨论保角变换的性质.

定理 6-4 若 $w=f(z)$在区域 D 内解析，则它在导数不为零的点处是保角的.

由上面的讨论即得.

定理 6-5 若 $w=f(z)$在区域 D 内单叶解析，则称 $w=f(z)$在区域 D 内是保角的.

引理 6-1 若函数 $f(x)$在区域 D 内单叶解析，则在 D 内 $f'(x)\neq 0$.(利用儒歇定理可证)

注意 由引理 6-1，在 D 内 $f'(z)\neq 0$.

【例 6-1】 试求变换 $w=f(z)=z^2+2z$ 在点 $z=-1+2i$ 处的旋转角，并说明它将 z 平面的哪一部分放大？哪一部分缩小？

解 因 $f'(z)=2z+2=2(z+1)$，$f'(-1+2i)=2(-1+2i)+2=4i$，故在点 $-1+2i$ 处的旋转角为 $\arg f'(-1+2i)=\dfrac{\pi}{2}$.

又因 $|f'(z)|=2\sqrt{(x+1)^2+y^2}$，这里 $z=x+iy$，而 $|f'(z)|<1$ 的充要条

件是$(x+1)^2+y^2<\frac{1}{4}$,故 $w=f(z)=z^2+2z$ 把以-1为心、$\frac{1}{2}$为半径的圆周内部缩小,外部放大.

【例 6-2】 试证:$w=e^{iz}$将互相正交的直线族 $\mathrm{Re}z=c_1$ 与 $\mathrm{Im}z=c_2$ 依次变为互相正交的直线族 $v=u\tan c_1$ 与圆周族 $u^2+v^2=e^{-2c_2}$.

证明 正交直线族 $\mathrm{Re}z=c_1$ 与 $\mathrm{Im}z=c_2$ 在变换 $w=e^{iz}$下,有

$$u+iv=w=e^{iz}=e^{i(c_1+ic_2)}=e^{-c_2}e^{ic_1},$$

即有像曲线族 $u^2+v^2=e^{-2c_2}$ 与 $\arctan\frac{v}{u}=c_1$.

由于在 z 平面上 e^{iz} 处处解析,且$\frac{dw}{dz}=ie^{iz}\neq0$,所以在 w 平面上圆周族$u^2+v^2=e^{-2c_2}$与直线族 $v=u\tan c_1$ 也是互相正交的.

6.1.3 单叶解析变换的共形性

定义 6-3 如果 $w=f(z)$在区域 D 内是单叶且保角的,称此变换 $w=f(z)$在 D 内**是共形的**,也称它为 D 内的**共形映射**.

注意 解析变换 $w=f(z)$在解析点 z_0 如有 $f'(z_0)\neq0$(由 $f'(z_0)$在 z_0 的连续性,必在 z_0 的邻域内$\neq0$),于是 $w=f(z)$在点 z_0 **保角**,因而在 z_0 的邻域内**单叶保角**,从而在 z_0 的邻域内共形(局部);在区域 D 内 $w=f(z)$(整体)共形,必然在 D 内处处(局部)共形,但反过来不一定为真.

定理 6-6 设 $w=f(z)$在区域 D 内单叶解析.则

(1)$w=f(z)$将 D 共形映射成区域$G=f(D)$.

(2)反函数 $z=f^{-1}(w)$在区域 G 内单叶解析,且

$$f^{-1'}(w)=\frac{1}{f'(z_0)}(z_0\in D,w_0=f(z_0)\in G)$$

证明 (1)由定理 6-2,G 是区域,由定理 6-5 及定义 6-3,$w=f(z)$将 D 共形映射成G.

(2)由引理 6-1,$f'(z_0)\neq0(z_0\in D)$,又因 $w=f(z)$是 D 到G 的单叶满变换,因而是 D 到 G 的一一变换.于是,当 $w\neq w_0$ 时,$z\neq z_0$,即反函数 $z=f^{-1}(w)$在区域G 内单叶.故

$$\frac{f^{-1}(w)-f^{-1}(w_0)}{w-w_0}=\frac{z-z_0}{w-w_0}=\frac{1}{\frac{w-w_0}{z-z_0}}$$

由假设 $f(z)=u(z,y)+iv(x,y)$ 在区域 D 内解析，即在 D 内满足 C-R 方程

$$u_x=v_y,u_y=-v_x.$$

故

$$\begin{vmatrix} u_x & u_y \\ v_x & v_y \end{vmatrix}=\begin{vmatrix} u_x & -v_x \\ v_x & u_x \end{vmatrix}=u_x^2+v_x^2$$

$$=|u_x+iv_x|^2=|f'(z)|^2\neq 0,\quad (z\in D)$$

由数学分析中隐函数存在定理，存在两个函数

$$x=x(u,v),y=y(u,v)$$

在点 $w_0=u_0+iv_0$ 及其一个邻域 $N_z(w_0)$ 内为连续.即在邻域 $N_z(w_0)$ 中，当 $w\to w_0$ 时，必有

$$z=f^{-1}(w)\to z_0=f^{-1}(w_0).$$

故

$$\lim_{w\to w_0}\frac{f^{-1}(w)-f^{-1}(w_0)}{w-w_0}=\frac{1}{\lim\limits_{z\to z_0}\dfrac{w-w_0}{z-z_0}}$$

$$=\frac{1}{\lim\limits_{z\to z_0}\dfrac{f(z)-f(z_0)}{z-z_0}}=\frac{1}{f'(z_0)}$$

即

$$f^{-1'}(w_0)=\frac{1}{f'(z_0)}\quad (z_0\in D,w_0=f(z_0)\in G)$$

由于 w_0 或 z_0 的任意性，即知 $z=f^{-1}(w)$ 在区域 G 内解析.

注意 $w=f(z)$ 将区域 D 共形映射成区域 $G=f(D)$，则其反函数 $z=f^{-1}(w)$ 将区域 G 共形映射成区域 D，这时，区域 D 内的一个无穷小曲边三角形 δ 变换成区域 G 内的一个无穷小曲边三角形 Δ（图 6-3），由于保持了曲线间的夹角大小及方向，故 δ 与 Δ"相似".这就是共形映射这一名称的由来.

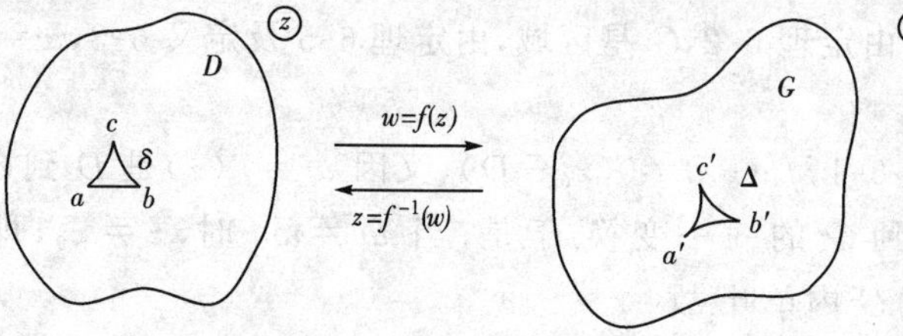

图 6-3

共形映射理论的基本任务是，给定一个区域 D 及另一个区域 G，要求找出

将 D 共形映射成区域 G 的函数 $f(z)$ 以及唯一性条件.共形映射的这种一般理论,将放在本章第4节叙述.

显然,两个共形映射的复合仍然是一个共形映射.具体地说,如 $\xi=f(z)$ 将区域 D 共形映射成区域 E,而 $w=h(\xi)$ 将 E 共形映射成区域 G,则 $w=h[f(z)]$ 将区域 D 共形映射成区域 G.利用这一事实,可以复合若干基本的共形映射而构成较为复杂的共形映射.

【例 6-3】 讨论解析函数 $w=z^n$(n 为正整数)的保角性和共形性.

解 (1)因为

$$\frac{\mathrm{d}w}{\mathrm{d}z}=nz^{n-1}\neq 0 \quad (z\neq 0)$$

故 $w=z^n$ 在 z 平面上除原点 $z=0$ 外,处处都是保角的.

(2)由于 $w=z^n$ 的单叶性区域是顶点的原点张度不超过 $\frac{2\pi}{n}$ 的角形区域.故在此角形区域内 $w=z^n$ 是共形的.在张度超过 $\frac{2\pi}{n}$ 的角形区域内,则不是共形的,但在其中各点的邻域内是共形的.

习题 6-1

1.证明:由两个单叶解析函数构成的复合函数是单叶解析函数.

2.试求变换 $w=f(z)=\ln(z-1)$ 在点 $z=-1+2i$ 处的旋转角,并且说明它将 z 平面的哪一部分放大?哪一部分缩小?

3.求变换 $w=(z+1)^2$ 的等伸缩率及等旋转角的轨迹方程.

4.讨论函数 $w=\mathrm{e}^z$ 的保角性和保形性.

6.2 分式线性变换

6.2.1 分式线性变换及其分解

$$w=\frac{az+b}{cz+d},\quad ad-bc\neq 0 \tag{6-3}$$

称为**分式线性变换**(或 Möbius 变换),有时也简记为 $w=L(z)$.

在式(6-3)中，$ad-bc=0$，则$\frac{a}{b}=\frac{c}{d}$，于是

$$\frac{az+b}{cz+d}=\frac{b\left(\frac{a}{b}z+1\right)}{d\left(\frac{c}{d}z+1\right)}=\frac{b}{d},$$

从而得知 $w=L(z)$ 恒为常数.因此条件 $ad-bc\neq 0$ 是必要的.

此外，对式(6-3)在扩充 z 平面上补充如下定义：

当 $c=0$ 时，定义 $w=L(\infty)=\infty$；

当 $c\neq 0$ 时，定义 $w=L\left(-\frac{d}{c}\right)=\infty$，$w=L(\infty)=\frac{a}{c}$.

从而认为分式线性变换 $w=L(z)$是定义在整个扩充 z 平面上，分式线性变换将扩充 z 平面一对一地映射成扩充 w 平面，因为式(6-3)具有如下的逆变换

$$z=\frac{-dw+b}{cw-a} \tag{6-4}$$

由定理 6-1 即知分式线性变换在扩充 z 平面上是保域的.

注意 分式线性变换由德国数学家莫比乌斯(Möbius)做过大量的研究.在许多文献中，它就称为**莫比乌斯变换**.

其次，分式线性变换总可以分解为下式两个简单的变换的复合：

(Ⅰ) $w=kz+h(k\neq 0)$；

(Ⅱ) $w=\frac{1}{z}$.

这是因为当 $c=0$ 时，式(6-3)为 $w=\frac{a}{d}z+\frac{b}{d}$，此即为(Ⅰ)型变换.

当 $c\neq 0$ 时，式(6-3)可改写为

$$w=\frac{a}{c}+\frac{bc-ad}{c(cz+d)}=\frac{bc-ad}{c}\cdot\frac{1}{cz+d}+\frac{a}{c},$$

它是下面三个形如(Ⅰ)和(Ⅱ)型变换的复合：

$$\xi=cz+d,\ \eta=\frac{1}{\xi}\text{和}\ w=\frac{bc-ad}{c}\eta+\frac{a}{c}$$

由此可以知道，只要弄清(Ⅰ)和(Ⅱ)型变换的几何性质，则分式线性变换的几何性质也就随之清楚.

下面我们讨论(Ⅰ)和(Ⅱ)型变换的几何意义.

(Ⅰ) 型变换 $w=kz+h(k\neq 0)$也称为**整线行变换**.设 $k=re^{i\alpha}$ $(r>0$，α 为实数)，则 $w=re^{i\alpha}z+h$，它实际上是由三个变换：**旋转**、**伸缩**和**平移**复合而成的.也就

是先将 z 旋转角度 α，然后按比例系数 r 做一个以原点为中心的伸缩变换，最后再平移一个向量(如图 6-4 所示，此图是将原图与像画在同一平面上).即是说，在线性变换之下，原像与像相似.不过这种变换不是任意的相似变换，而是不改变图形方向的相似变换(原像三角形的顶点顺序如果是反时针方向的，则其像三角形的像顶点顺序也应是反时针方向的)从图上可看出，这种变换是相似变换且保持图形的方向不变.

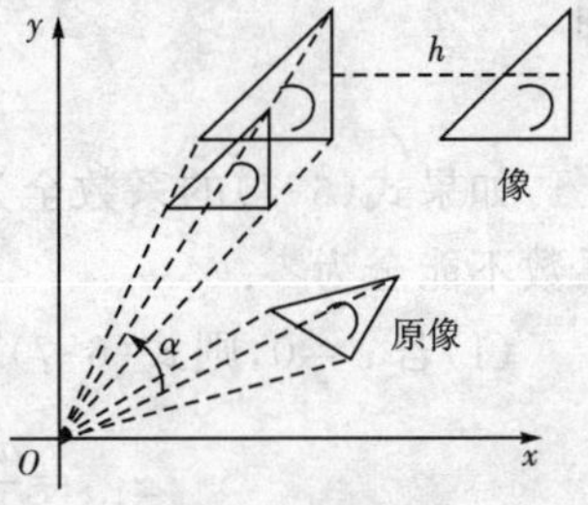

图 6-4

(Ⅱ)型变换 $w=\frac{1}{z}$ 称为**反演变换**.它可以分解为下面两个简单变换的复合：

$$\xi=\frac{1}{\bar{z}}$$

$$w=\bar{\xi} \tag{6-5}$$

式(6-5)中前后两式分别称为关于单位圆周和关于实轴的**对换变换**，并称 z 与 ξ 是关于单位圆周的对称点，ξ 与 w 是关于实轴的对称点.

已知点 z，可用如图 6-5 所示的几何方法做出点 $\xi=\frac{1}{\bar{z}}$，然后做出 $w=\bar{\xi}=\frac{1}{z}$.(此图也是将像与原像画在同一平面上).

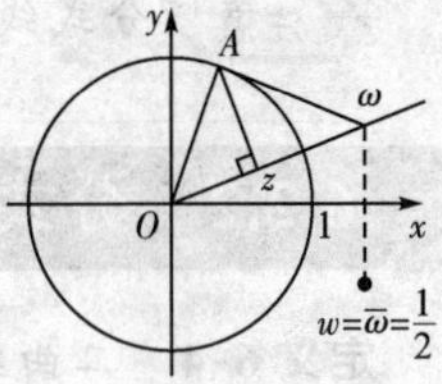

图 6-5

从图 6-5 可以看出，直角三角形 OzA 与直角三角形 $OA\omega$ 相似.于是

$$\frac{1}{|w|}=\frac{|z|}{1}, \tag{6-6}$$

从而 $|w||z|=1^2$(即等于半径的平方)，且 w 与 z 都在过单位圆圆心 O 的同一条射线上，因此 z 与 w 是关于单位圆周的对称点.此外我们规定圆心 O 关于单位圆周的对称点为 ∞.

【例 6-4】 试证：除恒等变换 $w=z$ 之外，一切分式线性变换恒有两个相异的或一个二重的不动点(即自己变成自己的点).

证明 分式线性变换

$$w=\frac{az+b}{cz+d} \quad (ad-bc\neq 0) \tag{6-3}$$

的不动点一定适合方程

$$z=\frac{az+b}{cz+d}$$

即

$$cz^2+(d-a)z-b=0 \tag{6-7}$$

如果式(6-7)的系数全为零,则式(6-3)就成为恒等变换 $w=z$.故式(6-7)的系数不能全为零.

(1)若 $c\neq0$,则式(6-7)有两个根

$$z_{1,2}=\frac{a-d\pm\sqrt{\Delta}}{2c},\Delta=(a-d)^2+4bc,$$

当 $\Delta\neq0$ 时,式(6-3)有两个相异的不动点 z_1 和 z_2.

当 $\Delta=0$ 时,式(6-3)有一个二重不动点 $z=\frac{a-d}{2c}$.

(2)若 $c=0$.这时式(6-7)成为 $(d-a)z-b=0$

当 $a\neq d\neq0$ 时,式(6-7)有根 $z=\frac{b}{d-a}$.

这时式(6-3)成为 $w=\frac{a}{d}z+\frac{b}{d}$,所以这时式(6-3)有不动点 $z=\frac{b}{d-a}$ 和 $z=\infty$.

当 $a=d\neq0$ 时,必 $b\neq0$.不动点 $z=\frac{b}{d-a}=\infty$.

故这时式(6-3)以 $z=\infty$ 为二重不动点.

注意 分式线性变换的复合仍然是分式线性变换.

6.2.2 分式线性变换的性质

定义 6-4 二曲线在无穷远点处的交角为 α,就是指它们在反演变换下的像曲线在原点处的交角为 α.

因为式(6-3)在扩充 z 平面上是单叶的,要想证明分式线性变换在扩充 z 平面上是共形的,只需证明(Ⅰ)和(Ⅱ)型变换在扩充 z 平面上是保角的.

对于(Ⅱ)型变换 $w=\frac{1}{z}$ 来说,只要 $z\neq0$ 和 ∞,则有 $\frac{\mathrm{d}w}{\mathrm{d}z}=-\frac{1}{z^2}\neq0$.根据定理 6-4 知它在 $z\neq0$ 和 ∞ 的各处是保角的.而当 $z=0$ 或 ∞ 时由定义 6-3 知它也是保角的.于是(Ⅱ)型变换在扩充 z 平面上是保角的.

对于(Ⅰ)型变换,当 $z\neq\infty$ 时,$\frac{\mathrm{d}w}{\mathrm{d}z}=k\neq0$,因而它在 $z\neq\infty$ 的各处是保角的.其次,当 $z=\infty$ 时,其像点为 $w=\infty$.我们引入两个反演变换:$\lambda=\frac{1}{z}$,$\mu=\frac{1}{w}$.

它们分别将 z 平面与 w 平面的无穷远点保角变换为 λ 平面与 μ 平面的原

点.将上述两个变换代入(Ⅰ)型变换得

$$\frac{1}{\mu}=k\ \frac{1}{\lambda}+h$$

即

$$\mu=\frac{\lambda}{h\lambda+k}, \tag{6-8}$$

它将 λ 平面的原点 $\lambda=0$ 变为 μ 平面的原点 $\mu=0$.而且

$$\frac{\mathrm{d}\mu}{\mathrm{d}\lambda}=\frac{h\lambda+k-h\lambda}{(h\lambda+k)^2}=\frac{1}{k}\neq 0-\frac{1}{z^2}\neq 0$$

故式(6-8)在 $\lambda=0$ 是保角的.

于是(Ⅰ)型变换在 $z=\infty$ 时也是保角的.

综合上述讨论我们就可得到如下定理.

定理 6-7 分式线性变换在扩充 z 平面上是共形的.

注意 在无穷远点处不考虑伸缩率的不变性.

6.2.3 分式线性变换的保交比较

定义 6-5 扩充平面上有顺序的四个相异点 z_1,z_2,z_3,z_4 构成下面的量,称为它们的**交比**,记为(z_1,z_2,z_3,z_4):

$$(z_1,z_2,z_3,z_4)=\frac{z_4-z_1}{z_4-z_2}:\frac{z_3-z_1}{z_3-z_2}.$$

当四点中有一点为∞时,应将包含此点的项用 1 代替.例如 $z_1=\infty$ 时,即有

$$(\infty,z_2,z_3,z_4)=\frac{1}{z_4-z_2}:\frac{1}{z_3-z_2},$$

亦即先视 z_1 为有限,再令 $z_1\to\infty$ 取极限而得.

定理 6-8 在分式线性变换下,四点的交比不变.

证明 设

$$w_1=\frac{az_i+b}{cz_i+d},i=1,2,3,4,$$

则

$$w_i-w_j=\frac{(ad-bc)(z_i-z_j)}{(cz_i+d)(cz_j+d)}, \tag{6-9}$$

因此

$$(w_1,w_2,w_3,w_4)=\frac{w_4-w_1}{w_4-w_2}:\frac{w_3-w_1}{w_3-w_2}$$

$$\xlongequal{\text{式(6-9)}}\frac{z_4-z_1}{z_4-z_2}:\frac{z_3-z_1}{z_3-z_2}$$

$$=(z_1,z_2,z_3,z_4).$$

其他可能情形的证明留给读者.

从形式上看,分式线性变换具有四个复参数 a,b,c,d.但由条件 $ad-bc\neq 0$ 可知至少有一个不为零,因此就可用它去除式(6-3)的分子及分母,于是式(6-3)实际上就只依赖于三个复参数(即六个实参数).

为了确定这三个复参数,由定理 6-8 可知,只需任意指定三对对应点:

$$z_i \xrightarrow{w=L(z)} w_i \quad (i=1,2,3)$$

即可.因而从 $(w_1,w_2,w_3,w)=(z_1,z_2,z_3,z)$ 就可得到变换式(6-3),即 $w=L(z)$,其中 a,b,c,d 可由 z_i 及 $w_i(i=1,2,3)$ 来确定,且除了相差一个常数因子外是唯一的.

定理 6-9 设分式线性变换将扩充 z 平面上三个相异点 z_1、z_2、z_3 指定为 w_1、w_2、w_3,则此分式线性变换就被唯一确定,并且可以写成

$$\frac{w-w_1}{w-w_2}:\frac{w_3-w_1}{w_3-w_2}=\frac{z-z_1}{z-z_2}:\frac{z_3-z_1}{z_3-z_2} \tag{6-10}$$

即三对对应点唯一确定一个分式线性变换.

【例 6-5】 求将 $2,i,-2$ 对应地变成 $-1,i,1$ 的分式线性变换.

解 所求分式线性变换为

$$(-1,i,1,w)=(2,i,-2,z),$$

即

$$\frac{w+1}{w-i}:\frac{1+1}{1-i}=\frac{z-2}{z-i}:\frac{-2-2}{-2-i},$$

化简为

$$\frac{w+1}{w-i}=\frac{1+3i}{4}\cdot\frac{z-2}{z-i},$$

于是

$$\frac{w+1}{w+1-w+i}=\frac{(1+3i)(z-2)}{(1+3i)(z-2)-4(z-i)},$$

化简后得

$$w=\frac{z-6i}{3iz-2}.$$

6.2.4 分式线性变换的保圆周(圆)性

显然,根据(Ⅰ)型变换的几何意义易于推得(Ⅰ)型变换将圆周(直线)变为圆周(直线).

对于(Ⅱ) 型变换,由于圆周或直线可表示为

$$Az\bar{z}+\bar{B}z+B\bar{z}+C=0,(A、C\text{ 为实数},|B|^2>AC) \tag{6-11}$$

当 $A=0$ 时表示直线,经过反演变换 $w=\dfrac{1}{z}$ 后,式(6-11)就变为

$$Cw\bar{w}+\bar{B}\bar{w}+Bw+A=0,$$

它表示直线($c=0$)或圆周($c\neq 0$).

根据分式线性变换是(Ⅰ)和(Ⅱ)型变换的复合就可得到.

定理 6-10 分式线性变换将平面上的圆周(直线)变为圆周或直线.

注意 在扩充平面上,直线可视为经过无穷远点的圆周.事实上,式(6-11)可改写为

$$A+\frac{\bar{\beta}}{\bar{z}}+\frac{\beta}{z}+\frac{C}{z\bar{z}}=0$$

欲其经过∞,必须且只需 $A=0$.因此可以说:在分式线性变换下,扩充 z 平面上的圆周变为扩充 w 平面上的圆周,同时圆被保形变换成圆.如图 6-6 所示.

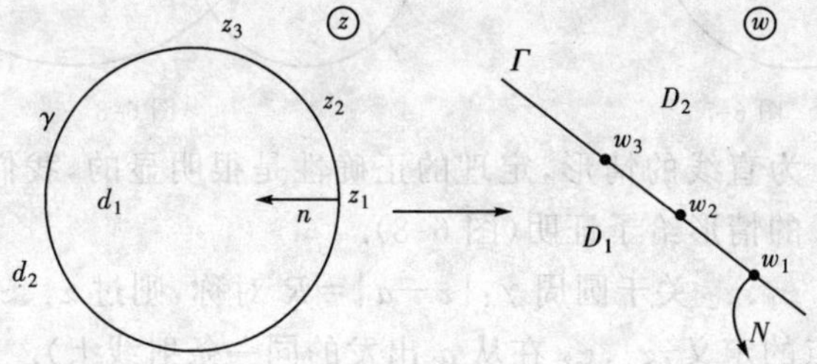

图 6-6

反之,在扩充平面上给定区域 d 及 D,其边界都是圆周,则 d 必然可以共形映射成 D.分式线性变换就能实现,且在一定条件下,这种分式线性变换还是唯一的.

注意 (1)当 γ 或 $\Gamma=L(\gamma)$ 为直线时,其所界的圆是以它为边界的两个半平面;

(2)要使分式线性变换 $w=L(z)$ 把有限圆周 C 变成直线,其条件是 C 上的某点 z_0 变成∞.

6.2.5 分式线性变换的保对称点性

在第一段中，我们曾经讲过关于单位圆周的对称点这一概念，现推广如下：

定义 6-6 z_1、z_2 关于圆周 $\gamma:|z-a|=R$ 对称是指 z_1、z_2 都在过圆心 a 的同一条射线上，且

$$|z_1-a||z_2-a|=R^2. \tag{6-6}'$$

此外，还规定圆心 a 与点 ∞ 也是关于 γ 为对称的(图 6-7).

由定义即知 z_1、z_2 关于圆周 $\gamma:|z-a|=R$ 对称，必须且只需

$$z_2-a=\frac{R^2}{\overline{z_1-a}} \tag{6-5}'$$

下述定理从几何方面说明了对称点的特性.

定理 6-11 扩充 z 平面上两点 z_1、z_2 关于圆周 γ 对称的充要条件是：通过 z_1、z_2 的任意圆周都与 γ 正交.

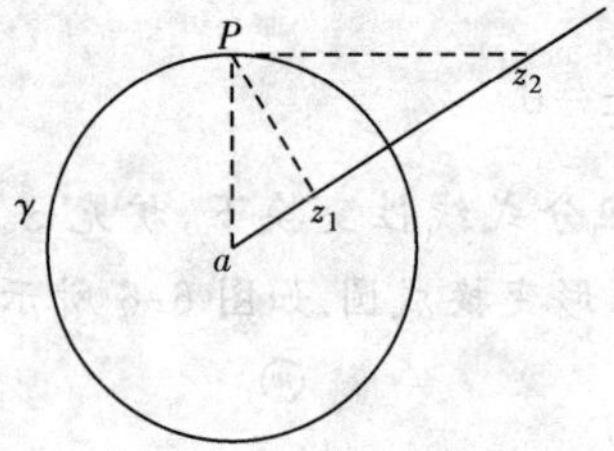

图 6-7

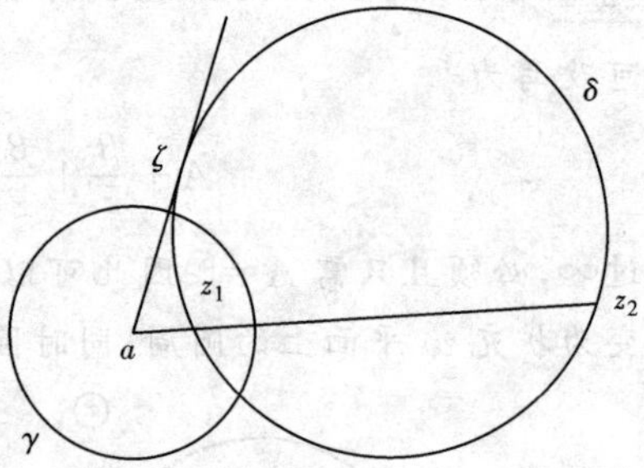

图 6-8

证明 当 γ 为直线的情形，定理的正确性是很明显的，我们只就 γ 为有限圆周 $|z-a|=R$ 的情形给予证明(图 6-8).

必要性 设 z_1、z_2 关于圆周 $\gamma:|z-a|=R$ 对称，则过 z_1、z_2 的直线必然与 γ 正交(按对称点的定义，z_1、z_2 在从 a 出发的同一条射线上).

设 δ 是过 z_1、z_2 的任一圆周(非直线)，由 a 引出 δ 的切线 $a\zeta$，ζ 为切点.由平面几何的定理得

$$|\zeta-a|^2=|z_1-a||z_2-a|$$

但由 z_1、z_2 关于圆周 γ 对称的定义，有

$$|z_1-a||z_2-a|=R^2$$

所以

$$|\zeta-a|=R$$

即是说 $a\zeta$ 是圆周 γ 的半径.因此 δ 与 γ 正交.

充分性 设过 z_1、z_2 的每一圆周都与 γ 正交.过 z_1、z_2 作一圆周(非直线)

δ,则 δ 与 γ 正交.设交点之一为 ζ,则 γ 的半径 $a\zeta$ 必为 δ 的切线.

联结 z_1、z_2,延长后必经过 a(因为过 z_1、z_2 的直线与 γ 正交).于是 z_1、z_2 在从 a 出发的同一条射线上,并且由平面几何的定理得

$$R^2=|\zeta-a|^2=|z_1-a||z_2-a|$$

因此,z_1、z_2 关于圆周 γ 对称.

下述定理就是分式线性变换的保对称点性.

定理 6-12 设扩充 z 平面上两点 z_1、z_2 关于圆周 γ 对称,$w=L(z)$为一分式线性变换,则 $w_1=L(z_1)$,$w_2=L(z_2)$两点关于圆周 $\Gamma=L(\gamma)$对称.

证明 设 Δ 是扩充 w 平面上经过 w_1、w_2 的任意圆周.此时,必然存在一个圆周 δ,它经过 z_1、z_2,并使 $\Delta=L(\delta)$.因为 z_1、z_2 关于 γ 对称,故由定理 6-11,δ 与 γ 正交.由分式线性变换 $w=L(z)$的保角性,$\Delta=L(\delta)$与 $\Gamma=L(\gamma)$亦正交.这样,再由定理 6-11 即知 w_1、w_2 关于 $\Gamma=L(\gamma)$对称.

6.2.6 分式线性变换的应用

分式线性变换在处理边界为圆弧或直线的区域的变换中,具有很大的作用.下面例子就是反映这个事实的重要特例.

【例 6-6】 把上半 z 平面共形映射成上半 w 平面的分式线性变换可以写成

$$w=\frac{az+b}{cz+d},$$

其中 a,b,c,d 是实数,且满足条件

$$ad-bc>0. \tag{6-12}$$

事实上,所述变换将实轴变为实轴,且当 z 为实数时

$$\frac{\mathrm{d}w}{\mathrm{d}z}=\frac{ad-bc}{(cz+d)^2}>0,$$

即实轴变成实轴是同向的(图 6-9),因此上半 z 平面共形映射成上半 w 平面.

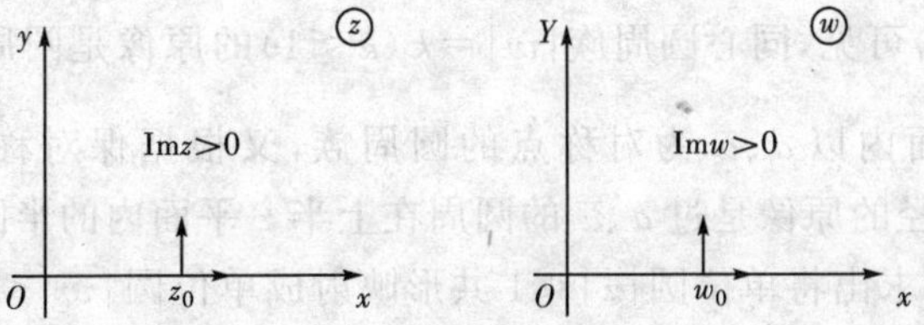

图 6-9

当然,这也可以直接由下面的推导看出:

$$\mathrm{Im}w=\frac{1}{2i}(w-\overline{w})=\frac{1}{2i}\left(\frac{az+b}{cz+d}-\frac{a\,\overline{z}+b}{c\,\overline{z}+d}\right)$$

$$=\frac{1}{2i}\frac{ad-bc}{|cz+d|^2}(z-\overline{z})=\frac{ad-bc}{|cz+d|^2}\mathrm{Im}z.$$

注意 满足条件式(6-12)的分式线性变换也将下半平面共形映射成下半平面.

【例 6-7】 求出将上半平面 $\mathrm{Im}z>0$ 共形映射成单位圆 $|w|<1$ 的分式线性变换,并使上半平面一点 $z=a(\mathrm{Im}a>0)$ 变为 $w=0$.

解 根据分式线性变换保对称点的性质,点 a 关于实轴的对称点 $\overline{a}$ 应该变到 $w=0$ 关于单位圆周的对称点$w=\infty$.因此,这个变换应具有如下形式:

$$w=k\,\frac{z-a}{z-\overline{a}},\tag{6-13}$$

其中 k 是常数.k 的确定,可使实轴上的一点,例如 $z=0$,变到单位圆周上的一点

$$w=k\,\frac{a}{\overline{a}},$$

因此

$$1=|k|\left|\frac{a}{\overline{a}}\right|=|k|.$$

所以,可以令 $k=\mathrm{e}^{i\beta}$(β 是实数),最后得到所要求的变换为

$$w=\mathrm{e}^{i\beta}\frac{z-a}{z-\overline{a}}(\mathrm{Im}a>0).\tag{6-14}$$

在式(6-14)中,即使 a 给定了,还有一个实参数 β 需要确定.为了确定此 β,或者指出实轴上一点与单位圆周上某点的对应关系,或者指出变换在 $z=a$ 处的旋转角 $\arg w'(a)$(读者可以验证,变换式(6-14)在 $z=a$ 处的旋转角 $\arg w'(a)=\beta-\frac{\pi}{2}$).

由式(6-14)可见,同心圆周族 $|w|=k(k<1)$ 的原像是圆周族 $\left|\frac{z-a}{z-\overline{a}}\right|=k$,这是上半 z 平面内以 a、$\overline{a}$ 为对称点的圆周族,又根据保对称性可知,单位圆 $|w|<1$内的直径的原像是过 a、$\overline{a}$ 的圆周在上半 z 平面内的半圆弧.

【例 6-8】 求出将单位圆 $|z|<1$ 共形映射成单位圆 $|w|<1$ 的分式线性变换,并使一点 $z=a(|a|<1)$变到 $w=0$.

解 根据分式线性变换保对称点的性质,点 a(不妨假设 $a\neq0$)关于单位圆周 $|z|=1$ 的对称点$a^*=\frac{1}{\overline{a}}$,应该变成 $w=0$ 关于单位圆周 $|w|=1$ 的对称点

$w=\infty$,因此所求变换具有形式

$$w=k\frac{z-a}{z-\frac{1}{\bar{a}}},\tag{6-14$'$}$$

整理后得

$$w=k_1\frac{z-a}{1-\bar{a}z},$$

其中 k_1 是常数.选择 k_1,使得 $z=1$ 变成单位圆周 $|w|=1$ 上的点,于是 $\left|k_1\frac{1-a}{1-\bar{a}}\right|=1$,即 $|k_1|=1$,因此可令 $k_1=e^{i\beta}$(β 是实数),最后得到所求的变换为

$$w=e^{i\beta}\frac{z-a}{1-\bar{a}z}\ (|a|<1).\tag{6-15}$$

β 的确定还要求附加条件,如例 6-7 中所说过的类似.(读者可以验证,对于式(6-15),有 $\arg w'(a)=\beta$.)

由式(6-15)可见,同心圆周族 $|w|=k(k<1)$ 的原像是 $\left|\frac{z-a}{1-\bar{a}z}\right|=k$,这是 z 平面上单位圆内以 a、$\frac{1}{\bar{a}}$ 为对称点的圆周族:

$$\left|\frac{z-a}{z-\frac{1}{\bar{a}}}\right|=|a|\cdot k.$$

而单位圆 $|w|<1$ 内的直径的原像是过 a 与 $\frac{1}{\bar{a}}$ 两点的圆周在单位圆 $|z|<1$ 内的圆弧.

注意 上两例中分式线性变换 $w=L(z)$ 的唯一性条件是下列两种形式:

(1)$L(a)=b$(一对内点对应),再加一对边界点对应.

(2)$L(a)=b$(一对内点对应),$\arg L'(a)=\alpha$(即在点 a 处的旋转角固定).

思考题:

(1)求将上半平面 $\mathrm{Im}z>0$ 共形映射成下半平面 $\mathrm{Im}w<0$ 的分式线性变换,式(6-12)中的条件应怎样修改?

(2)求将上半平面 $\mathrm{Im}z>0$ 共形映射成单位圆周外部 $|w|>1$ 的分式线性变换,式(6-14)中的条件应怎样修改?

(3)求将单位圆 $|z|<1$ 共形映射成单位圆周外部 $|w|>1$ 的分式线性变换,

式(6-15)中的条件应怎样修改?

【例 6-9】 求将上半 z 平面共形映射成上半 w 平面的分式线性变换 $w=L(z)$,使符合条件:

$$1+i=L(i),\quad 0=L(0).$$

解 设所求分式线性变换 $w=L(z)$为

$$w=\frac{az+b}{cz+d},$$

其中 a、b、c、d 都是实数,$ad-bc>0$.

由于 $0=L(0)$,必 $b=0$,因而 $a\neq 0$.用 a 除分子分母,则 $w=L(z)$变形为

$$w=\frac{z}{gz+f},$$

其中 $g=\dfrac{c}{a}$、$f=\dfrac{d}{a}$都是实数.

再由第一个条件得

$$1+i=\frac{i}{gi+f},$$

即

$$(f-g)+i(f+g)=i,$$

所以

$$f-g=0,f+g=1$$

解之得

$$f=g=\frac{1}{2},$$

故所求的分式线性变换为

$$w=\frac{z}{\frac{1}{2}z+\frac{1}{2}},$$

即

$$w=\frac{2z}{z+1}.$$

【例 6-10】 求将上半 z 平面共形映射成圆$|w-w_0|<R$ 的分式线性变换 $w=L(z)$,使符合条件 $L(i)=w_0$,$L'(i)>0$.

解 作分式线性变换 $\xi=\dfrac{w-w_0}{R}$将圆$|w-w_0|<R$ 共形映射成单位圆$|\xi|<1$.

其次,做出上半平面 $\text{Im}z>0$ 到单位圆 $|\xi|<1$ 的共形映射,使 $z=i$ 变成 $\xi=0$,此分式线性变换为 $\xi=e^{i\theta}\dfrac{z-i}{z+i}$(为了能应用上述三个特例的结果,我们在 z 平面与 w 平面间插入一个"中间"平面,即 ξ 平面)(图 6-10).

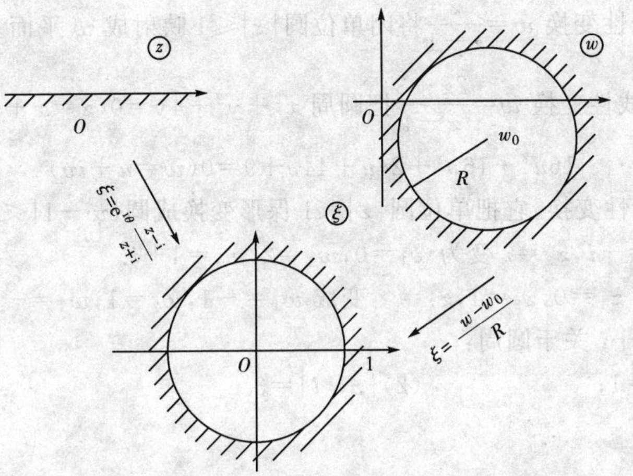

图 6-10

复合上述两个分式线性变换得

$$\frac{w-w_0}{R}=e^{i\theta}\frac{z-i}{z+i},$$

它将上半 z 平面共形映射成圆 $|w-w_0|<R$,i 变成 w_0,再由条件 $L'(i)>0$,先求得

$$\frac{1}{R}\frac{dw}{dz}\bigg|_{z=i}=e^{i\theta}\frac{z+i-z+i}{(z+i)^2}\bigg|_{z=i}=e^{i\theta}\frac{1}{2i},$$

即

$$L'(i)=Re^{i\theta}\cdot\frac{1}{2i}=\frac{R}{2}e^{i\left(\theta-\frac{\pi}{2}\right)},$$

于是

$$\theta-\frac{\pi}{2}=0,\theta=\frac{\pi}{2},e^{i\theta}=i,$$

所求分式线性变换为

$$w=Ri\,\frac{z-i}{z+i}+w_0.$$

习题 6-2

1.试将线性变换 $w=\dfrac{3z+4}{iz-1}$ 分解为 4 个简单的(线性)变换组合.

2.证明:对称变换 $w=\bar{z}$ 不是一个线性变换.

3.请问线性变换 $w=\dfrac{z}{z-1}$ 将闭单位圆 $|z|\leqslant 1$ 映射成 w 平面上的什么域?

4.试证:线性变换 $w=\dfrac{2z+3}{z-4}$ 把圆周 $x^2+y^2-4y=0(z=x+iy)$ 变成圆周

$$16u^2+16v^2+24u+44v+9=0(w=u+iv)$$

5.求一线性变换,它把单位圆 $|z|<1$ 保形变换成圆 $|w-1|<1$,并且分别将 $z_1=-1,z_2=-i,z_3=i$ 变为 $w_1=0,w_2=2,w_3=1+i$.

6.求把点 $z_1=0,z_2=1,z_3=\infty$ 变成 $w_1=-1,w_2=1,w_3=-i$ 的线性变换.

7.求点 $2+i$ 关于圆周:

(1) $|z|=1$;　　　　(2) $|z-i|=3$.

的对称点.

6.3 某些初等函数所构成的共形映射

初等函数所构成的共形映射对今后研究较复杂的共形映射大有作用.

6.3.1 幂函数与根式函数

先讨论幂函数

$$w=z^n, \tag{6-16}$$

其中 n 是大于 1 的自然数.除了 $z=0$ 及 $z=\infty$ 外,它处处具有不为零的导数,因而在这些点是保角的.

由第 2 章知,式(6-16)的单叶性区域是顶点在原点张度不超过 $\dfrac{2\pi}{n}$ 的角形区域.例如说,式(6-16)在角形区域 $d:0<\arg z<\alpha\left(0<\alpha\leqslant\dfrac{2\pi}{n}\right)$ 内是单叶的,因而也是共形的(因为不保角的点 $z=0$ 及 $z=\infty$ 在 d 的边界上,不在 d 内).于是幂

函数将图 6-11 的角形区域 d:$0<\arg z<\alpha\left(0<\alpha\leqslant\frac{2\pi}{n}\right)$共形映射成角形区域 D:$0<\arg w<n\alpha$.

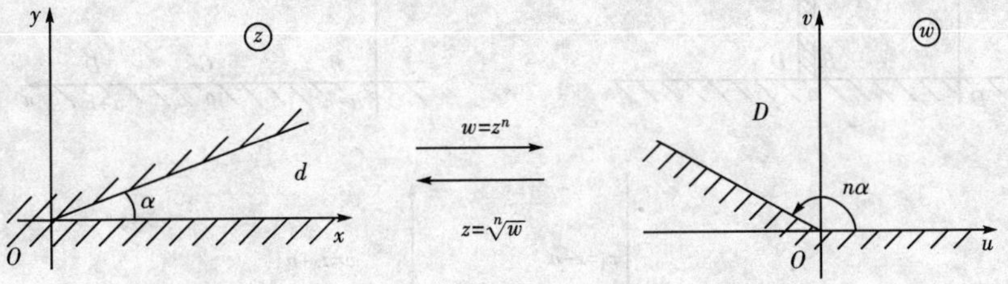

图 6-11

特别地,$w=z^n$ 将角形区域 $0<\arg z<\frac{2\pi}{n}$共形映射成 w 平面上除去原点及正实轴的区域(图 6-12).

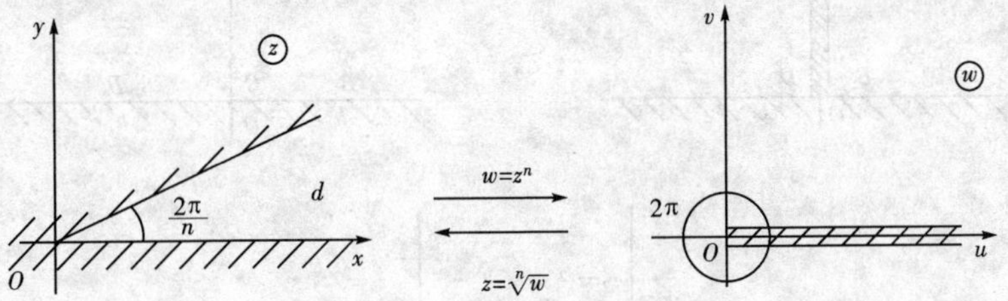

图 6-12

作为 $w=z^n$ 的逆变换

$$z=\sqrt[n]{w} \tag{6-17}$$

将 w 平面上的角形区域 D:$0<\arg w<n\alpha.\left(0<\alpha\leqslant\frac{2\pi}{n}\right)$共形映射成 z 平面上的角形区域 d:$0<\arg z<\alpha$(图 6-11).($\sqrt[n]{w}$是 D 内的一个单值解析分支,它的值完全由区域 d 确定).

总之,以后我们要将角形区域的张度拉大或缩小时,就可以利用幂函数或根式函数所构成的共形映射.

【例 6-11】 求一变换,把具有割痕“$\mathrm{Re}z=a,0\leqslant\mathrm{Im}z\leqslant h$”的上半平面共形映射成上半 w 平面

解 复合图 6-13 所示 5 个变换,即得所要求的变换为 $w=\sqrt{(z-a)^2+h^2}+a$.

【例 6-12】 将区域$-\frac{\pi}{4}<\arg z<\frac{\pi}{2}$共形映射成上半平面.使 $z=1-i,i,0$ 分别变成 $w=2,-1,0$(图 6-14)

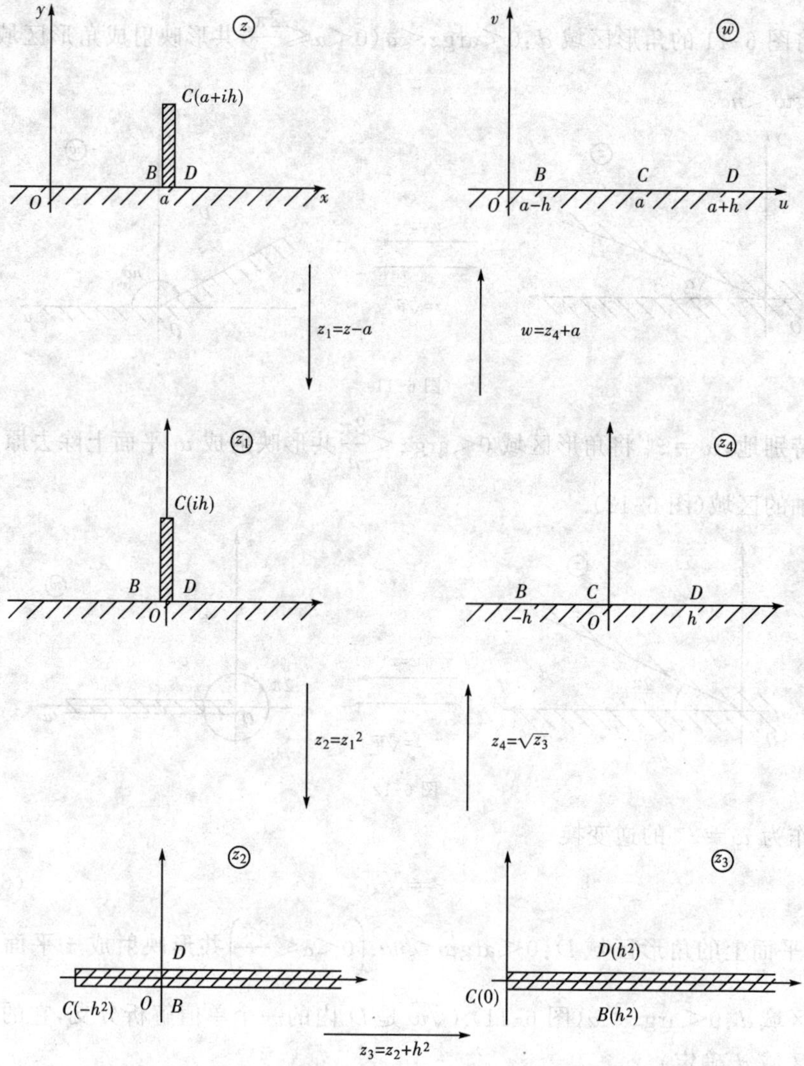

图 6-13

解 易知 $\xi=[(e^{\frac{\pi}{4}i}\cdot z)^{\frac{1}{3}}]^4=(e^{\frac{\pi}{4}i}\cdot z)^{\frac{4}{3}}$ 将指定区域变成上半平面，不过 $z=1-i,i,0$ 变成 $\xi=\sqrt[3]{4},-1,0$.

现再作上半平面到上半平面的分式线性变换，使 $\xi=\sqrt[3]{4},-1,0$ 变成 $w=2,-1,0$.此变换为 $w=\dfrac{2(\sqrt[3]{4}+1)\xi}{(\sqrt[3]{4}-2)\xi+3\sqrt[3]{4}}$.

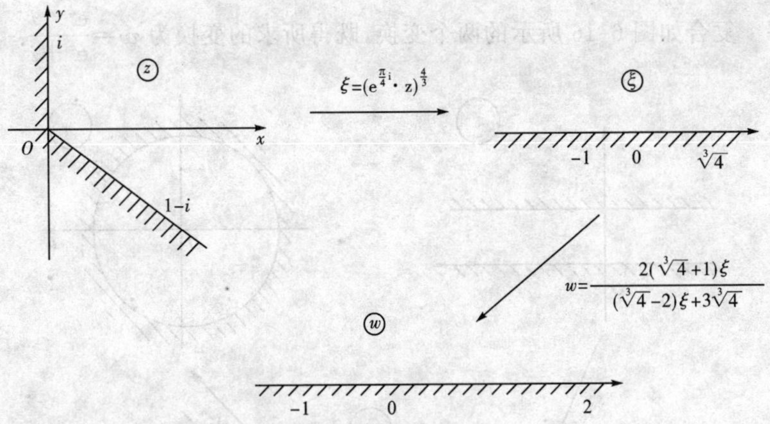

图 6-14

6.3.2 指数函数与对数函数

指数函数

$$w=e^z \tag{6-18}$$

在任意有限点均有$(e^z)'\neq 0$,因而它在 z 平面上是保角的.

由于单叶性区域是平行于实轴宽不超过 2π 的带形区域.例如,指数函数(6-18)在带形区域 $g:0<\mathrm{Im}z<h\ (0<h\leqslant 2\pi)$是单叶的,因而也是共形的($z=\infty$不在 g 内,而在 g 的边界上).于是指数函数将带形区域 $g:0<\mathrm{Im}z<h\ (0<h\leqslant 2\pi)$共形映射成角形区域 $G:0<\arg w<h$(图 6-15).

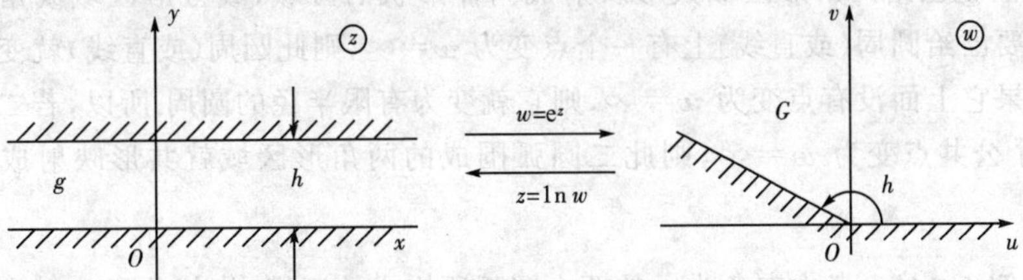

图 6-15

特别地,$w=e^z$ 将带形区域 $0<\mathrm{Im}z<2\pi$ 共形映射成 w 平面除去原点及正实轴的区域.

作为 $w=e^z$ 的逆变换 $z=\ln w$,将图 6-15 所示 w 平面上的角形区域 $G:0<\arg w<h\ (0<h\leqslant 2\pi)$共形映射成 z 平面上的带形区域 $g:0<\mathrm{Im}z<h$(这里 $\ln w$ 是G 内的一个单值解析分支,它的值完全由区域 g 确定.)

【例 6-13】 求一变换将带形共形 $0<\mathrm{Im}z<\pi$ 映射成单位圆$|w|<1$.

解 复合如图 6-16 所示的两个变换,既得所求的变换为 $w=\dfrac{e^z-i}{e^z+i}$.

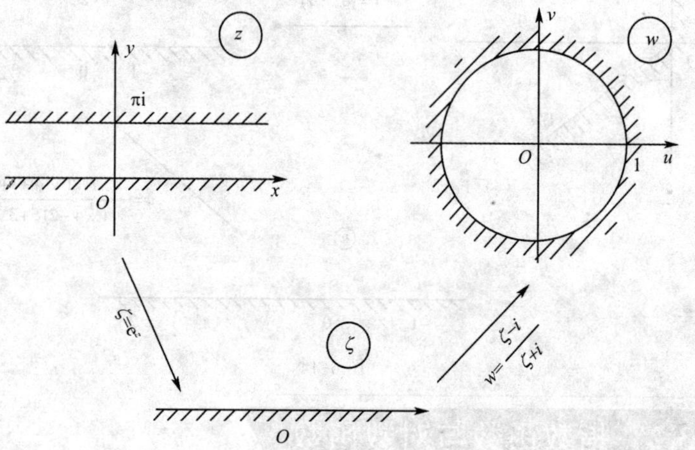

图 6-16

6.3.3 由圆弧构成的两角形区域的共形映射

利用分式线性函数,以及幂函数或指数函数的复合,可将二圆弧或直线段所构成的两角形区域,共形映射成一个标准区域,如上半平面.由分式线性变换的保圆性,把已给两角形区域共形映射成同样形状的区域,或弓形区域或角形区域.只要已给圆周(或直线)上有一个点变为 $w=\infty$,则此圆周(或直线)就变成直线.如果它上面没有点变为 $w=\infty$,则它就变为有限半径的圆周.所以,若二圆弧的一个公共点变为 $w=\infty$,则此二圆弧围成的两角形区域就共形映射成角形区域.

【例 6-14】 考虑交角为$\dfrac{\pi}{n}$的两个圆弧所构成的区域,将其共形映射成上半平面.

解 用 a、b 表示两个圆弧的交点.先设法将两圆弧变成从原点出发的两条射线.为此,做分式线性变换 $\xi=k\dfrac{z-a}{z-b}$,其中 k 是一常数.选择适当的 k,就可使给定的区域共形映射成角形区域 $0<\arg\xi<\dfrac{\pi}{n}$.再用幂函数 $w=\xi^n$ 就共形映射成上半平面.故所求变换具有形式

$$w=\left(k\frac{z-a}{z-b}\right)^n.$$

【例 6-15】 求一个上半单位圆到上半平面的共形映射.

解 做分式线性变换 $\xi=k\frac{z+1}{z-1}$ 将上半单位圆(视为两角形)变成第一象限,为此只要选择 $k=-1$ 就可以.事实上,此变换将线段$[-1,1]$变成了正实轴,将上半圆周变成了正虚轴.则 $w=\left(-\frac{z+1}{z-1}\right)^2$ 就是所求的一个变换.

习题 6-3

1.在变换 $w=\sqrt{z^2-1}$(主值支)下,问角形 $0<\arg z<\frac{\pi}{4}$ 被保形变换成什么区域?

2.求把带形区域 $a<\mathrm{Re}(z)<b$ 变成上半 w 平面 $\mathrm{Im}(w)>0$ 的一个保形变换.

3.问 $w=\ln z$(主值支)将右半平面 $\mathrm{Re}(z)>0$ 保形变换成什么区域?

4.求一个把角形 $-\frac{\pi}{6}<\arg z<\frac{\pi}{6}$ 变换成单位圆 $|w|<1$ 的保形变换.

5.求一个把第一象限内的四分之一圆:$0<\arg z<\frac{\pi}{2}$,$0<|z|<1$ 变成单位圆的保形变换.

6.求把区域 $D:|z|<1,\left|z-\frac{i}{2}\right|>\frac{1}{2}$ 变成上半平面的保形变换.

7.求把区域 $D:(|z|>1)\cap(|z-\sqrt{3}i|<2)$ 保形变换成单位圆 $|w|<1$ 的函数 $w=f(z)$,符合条件 $f(\sqrt{3}i)=0$,$f'(\sqrt{3}i)>0$.

第 7 章 傅立叶变换

本章将要介绍的傅立叶(Fourier)变换，是一种对连续时间函数的积分变换，即通过某种积分运算，把一个函数化为另一个函数，该变换同时还具有对称形式的逆变换.傅立叶变换既能简化计算，如求解微分方程，化卷积为乘积等，又具有非常特殊的物理意义，在许多领域被广泛地应用.如对信号进行分析和处理时，最基本、最重要的工具是频谱分析，从数学上看，就是傅立叶级数和傅立叶变换.其基本思想是:把一个复杂的连续信号，分解成许多简单的正弦信号(简谐波)的叠加.这些正弦信号的频率是已知的，相应的振幅和相位则由原始的复杂连续信号确定.这些振幅和相位，称之为信号的频谱.

7.1 认识傅立叶变换

7.1.1 周期函数的傅立叶级数

1.傅立叶级数的三角形式

定理 7-1(狄利克雷(Dirichlet)定理) 设函数 $f_T(t)$ 以 T 为周期，且在区间 $\left[\frac{-T}{2},\frac{T}{2}\right]$ 上满足**狄利克雷条件**:

(1)连续或只有有限个第一类间断点;

(2)只有有限个极值点.

则在 $f_T(t)$ 的连续点处有

$$f_T(t)=\frac{a_0}{2}+\sum_{n=1}^{+\infty}(a_n\cos n\omega_0 t+b_n\sin n\omega_0 t),\qquad(7\text{-}1)$$

在 $f_T(t)$ 的间断点处，式(7-1)左端 $f_T(t)$ 换作 $\frac{1}{2}\left[f_T(t^+)+f_T(t^-)\right]$.即

$$\frac{a_0}{2}+\sum_{n=1}^{+\infty}(a_n\cos n\omega_0 t+b_n\sin n\omega_0 t)$$
$$=\begin{cases}f_T(t), & t\text{ 为 }f_T(t)\text{ 的连续点}\\ \frac{1}{2}[f_T(t^+)+f_T(t^-)], & t\text{ 为 }f_T(t)\text{ 的第一类间断点}\end{cases}.$$

其中

$$\omega_0=\frac{2\pi}{T},$$

$$a_n=\frac{2}{T}\int_{-T/2}^{T/2}f_T(t)\cos n\omega_0 t\,\mathrm{d}t,n=0,1,2,\cdots,$$

$$b_n=\frac{2}{T}\int_{-T/2}^{T/2}f_T(t)\sin n\omega_0 t\,\mathrm{d}t,n=1,2,\cdots.$$

我们称式(7-1)为傅立叶级数的三角形式.

2.傅立叶级数的物理意义

令 $A_0=\frac{a_0}{2},A_n=\sqrt{a_n^2+b_n^2},\cos\theta_n=\frac{a_n}{A_n},\sin\theta_n=\frac{-b_n}{A_n},(n=1,2,\cdots)$,则式(7-1)变为

$$f_T(t)=A_0+\sum_{n=1}^{+\infty}A_n\cos(n\omega_0 t+\theta_n).$$

上式表明周期为 T 的信号可以分解为一系列**固定频率**的**简谐波之和**,这些简谐波的(角)频率分别为一个**基频** ω_0 的倍数.

一个周期为 T 的周期信号 $f_T(t)$ 并不包含所有的频率成分,其频率是以基频 ω_0 为间隔**离散取值**的.这是周期信号的一个非常重要的特点.

A_n 称为**振幅**,反映了频率为 $n\omega_0$ 的简谐波在信号 $f_T(t)$ 中所占有的份额;θ_n 称为**相位**,反映了在信号 $f_T(t)$ 中频率为 $n\omega_0$ 的简谐波沿时间轴移动的大小.这两个指标完全定量地刻画了信号的频率特性.

3.傅立叶级数的指数形式

根据欧拉公式 $\mathrm{e}^{jn\omega_0 t}=\cos n\omega_0 t+j\sin n\omega_0 t,(j=\sqrt{-1})$,可得

$$\cos n\omega_0 t=\frac{\mathrm{e}^{jn\omega_0 t}+\mathrm{e}^{-jn\omega_0 t}}{2},\sin n\omega_0 t=\frac{-j\mathrm{e}^{jn\omega_0 t}+j\mathrm{e}^{-jn\omega_0 t}}{2},$$

代入式(7-1)并整理得

$$f_T(t)=\frac{a_0}{2}+\sum_{n=1}^{+\infty}\left(\frac{a_n-jb_n}{2}\mathrm{e}^{jn\omega_0 t}+\frac{a_n+jb_n}{2}\mathrm{e}^{-jn\omega_0 t}\right).$$

令 $c_0=\frac{a_0}{2},c_n=\frac{a_n-jb_n}{2},c_{-n}=\frac{a_n+jb_n}{2}$,可得**傅立叶级数的(复)指数形式**

$$f_T(t)=\sum_{n=-\infty}^{+\infty} c_n e^{jn\omega_0 t},$$

其中 $c_n=\frac{1}{T}\int_{-T/2}^{T/2} f_T(t)e^{-jn\omega_0 t}dt, n=0,\pm 1,\pm 2,\cdots$.

由 $c_0=A_0, |c_n|=|c_{-n}|=\frac{1}{2}\sqrt{a_n^2+b_n^2}=\frac{A_n}{2}, \arg c_n=-\arg c_{-n}=\theta_n,(n=1,2,\cdots)$，知 c_n 的模与辐角正好反映了振幅与相位.因此，称 $|c_n|$ 为**离散振幅谱**，称 $\arg c_n$ 为**离散相位谱**；称 c_n 为**离散频谱**，记为 $F(n\omega_0)=c_n$.

【例 7-1】 求周期函数 $f_T(t)=\begin{cases}0, & -T/2<t<0\\ 1, & 0<t<T/2\end{cases}$ 的离散频谱及傅立叶级数的指数形式.

解 令 $\omega_0=2\pi/T$，当 $n\neq 0$ 时，

$$c_n=F(n\omega_0)=\frac{1}{T}\int_{-T/2}^{T/2} f_T(t)e^{-jn\omega_0 t}dt=\frac{1}{T}\int_0^{T/2} e^{-jn\omega_0 t}dt=\frac{j}{2n\pi}(e^{-jn\frac{\omega_0 T}{2}}-1)$$

$$=\frac{j}{2n\pi}(e^{-jn\pi}-1)=\begin{cases}0, & n\text{ 为偶数时}\\ -\frac{j}{n\pi}, & n\text{ 为奇数时}\end{cases}.$$

当 $n=0$ 时，$c_0=F(0)=\frac{1}{T}\int_{-T/2}^{T/2} f_T(t)dt=\frac{1}{T}\int_0^{T/2}dt=\frac{1}{2}$.

$f_T(t)$ 的傅立叶级数的指数形式为

$$f_T(t)=\frac{1}{2}+\sum_{n=-\infty}^{+\infty}\frac{-j}{(2n-1)\pi}e^{j(2n-1)\omega_0 t}.$$

7.1.2 非周期函数的傅立叶变换

1.傅立叶积分公式

(1)非周期函数可以看成是一个**周期为无穷大**的“周期函数”(图 7-1).

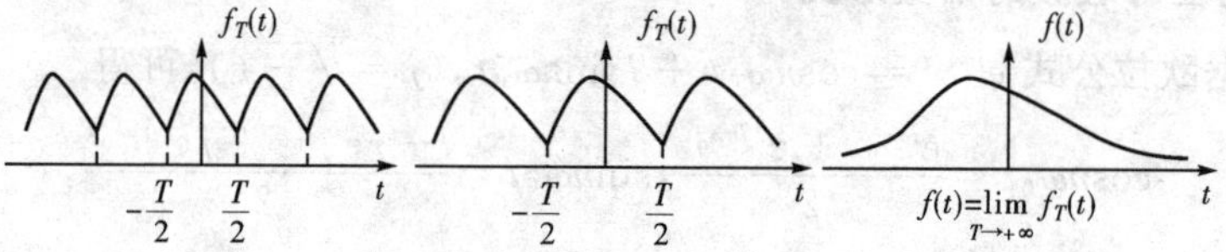

图 7-1

(2)当 $T\to+\infty$ 时，离散频谱变成**连续频谱**.

傅立叶级数表明周期函数仅包含离散的频率成分，其频谱是以 $\omega_0=2\pi/T$ 为间隔离散取值的.

当 T 越来越大时，取值间隔越来越小；当 T 趋于无穷时，取值间隔趋向于零，即频谱将**连续取值**.因此，一个非周期函数将包含所有的频率成分.

(3)当 $T\to+\infty$ 时，级数求和变成函数积分.

$$f(t)=\lim_{T\to+\infty}f_T(t)=\lim_{T\to+\infty}\sum_{n=-\infty}^{+\infty}c_n e^{jn\omega_0 t}$$

$$=\lim_{T\to+\infty}\sum_{n=-\infty}^{+\infty}\left[\frac{1}{T}\int_{-T/2}^{T/2}f_T(t)e^{-jn\omega_0 t}dt\right]e^{jn\omega_0 t},$$

将间隔 ω_0 记为 $\Delta\omega$，节点 $n\omega_0$ 记为 ω_n，并由 $T=\frac{2\pi}{\omega_0}=\frac{2\pi}{\Delta\omega}$ 得

$$f(t)=\frac{1}{2\pi}\lim_{\Delta\omega\to 0}\sum_{n=-\infty}^{+\infty}\left[\int_{-\pi/\Delta\omega}^{\pi/\Delta\omega}f_T(t)e^{-j\omega_n t}dt\right]e^{j\omega_n t}\Delta\omega$$

$$=\frac{1}{2\pi}\int_{-\infty}^{+\infty}\left[\int_{-\infty}^{+\infty}f(t)e^{-j\omega t}dt\right]e^{j\omega t}d\omega.$$

定理 7-2(傅氏积分定理)　设函数 $f(t)$ 在 $(-\infty,+\infty)$ 上满足

(1) 在任一有限区间内满足狄利克雷条件；

(2) 绝对可积，即 $\int_{-\infty}^{+\infty}|f(t)|dt<+\infty$.

则在 $f(t)$ 的连续点处，有

$$f(t)=\frac{1}{2\pi}\int_{-\infty}^{+\infty}\left[\int_{-\infty}^{+\infty}f(t)e^{-j\omega t}dt\right]e^{j\omega t}d\omega. \tag{7-2}$$

在 $f(t)$ 的间断点处，式(7-2)左端 $f(t)$ 换作 $\frac{1}{2}[f_T(t^+)+f_T(t^-)]$.即

$$\frac{1}{2\pi}\int_{-\infty}^{+\infty}\left[\int_{-\infty}^{+\infty}f(t)e^{-j\omega t}dt\right]e^{j\omega t}d\omega$$

$$=\begin{cases}f(t), & t\text{ 为 }f(t)\text{ 的连续点}\\ \frac{1}{2}[f(t^+)+f(t^-)], & t\text{ 为 }f(t)\text{ 的第一类间断点}\end{cases}.$$

我们称式(7-2)为傅立叶积分公式，简称**傅氏积分**.

2.傅立叶变换

定义 7-1　(1) 傅立叶变换(简称**傅氏变换**)

$$F(\omega)=\int_{-\infty}^{+\infty}f(t)e^{-j\omega t}dt\xlongequal{\text{记为}}\mathscr{F}[f(t)];$$

(2) 傅立叶逆变换(简称**傅氏逆变换**)

$$f(t)=\frac{1}{2\pi}\int_{-\infty}^{+\infty}F(\omega)e^{j\omega t}d\omega\xlongequal{\text{记为}}\mathscr{F}^{-1}[F(\omega)].$$

其中，$F(\omega)$ 称为 $f(t)$ 的**像函数**，$f(t)$ 称为 $F(\omega)$ 的**像原函数**.

$f(t)$ 与 $F(\omega)$ 称为**傅氏变换对**，记为 $f(t) \leftrightarrow F(\omega)$.

与傅立叶级数的物理意义一样，傅氏变换同样刻画了一个非周期函数的频谱特性，不同的是，非周期函数的频谱是连续取值的. $F(\omega)$ 反映的是 $f(t)$ 中各频率分量的分布密度，因此称 $F(\omega)$ 为**频谱密度函数**（简称**连续频谱**或者**频谱**），称 $|F(\omega)|$ 为**振幅谱**，$\arg F(\omega)$ 为**相位谱**.

【例 7-2】 求矩形脉冲函数 $f(t)=\begin{cases}1, & |t| \leqslant 1 \\ 0, & |t|>1\end{cases}$ 的傅氏变换及傅氏积分表达式.

解

$$\begin{aligned} F(\omega) &= \mathscr{F}[f(t)]=\int_{-\infty}^{+\infty} f(t) \cdot \mathrm{e}^{-j\omega t} \mathrm{d}t \\ &= \int_{-1}^{1} \mathrm{e}^{-j\omega t} \mathrm{d}t=\frac{1}{-j\omega} \mathrm{e}^{-j\omega t}\Big|_{-1}^{1} \\ &= \frac{1}{-j\omega}\left(\mathrm{e}^{-j\omega}-\mathrm{e}^{j\omega}\right)=2 \frac{\sin\omega}{\omega}. \end{aligned}$$

$f(t)$ 的傅氏积分表达式为

$$\begin{aligned} f(t) &= \mathscr{F}^{-1}[F(\omega)]=\frac{1}{2\pi} \int_{-\infty}^{+\infty} \frac{2\sin\omega}{\omega} \cdot \mathrm{e}^{j\omega t} \mathrm{d}\omega \\ &= \frac{1}{2\pi} \int_{-\infty}^{+\infty} \frac{2\sin\omega(\cos\omega t+j\sin\omega t)}{\omega} \mathrm{d}\omega, \end{aligned}$$

利用奇偶函数的积分性质，可得

$$f(t)=\frac{2}{\pi} \int_{0}^{+\infty} \frac{\sin\omega}{\omega} \cos\omega t \,\mathrm{d}\omega.$$

注意 由定理 7-2 知

$$\frac{2}{\pi} \int_{0}^{+\infty} \frac{\sin\omega}{\omega} \cos\omega t \,\mathrm{d}\omega=\begin{cases}1, & |t|<1 \\ \dfrac{1}{2}, & |t|=1 \\ 0, & |t|>1\end{cases}.$$

上式中令 $t=0$ 可得狄利克雷积分

$$\int_{0}^{+\infty} \frac{\sin x}{x} \mathrm{d}x=\frac{\pi}{2}.$$

本例中，信号 $f(t)$ 的振幅谱为

$$|F(\omega)|=2\left|\frac{\sin\omega}{\omega}\right|.$$

相位谱为

$$\arg F(\omega)=\begin{cases}0, & 2n\pi\leqslant|\omega|\leqslant(2n+1)\pi\\ \pi, & (2n+1)\pi\leqslant|\omega|\leqslant(2n+2)\pi\end{cases},n=0,1,2,\cdots.$$

其图形如图 7-2 所示.

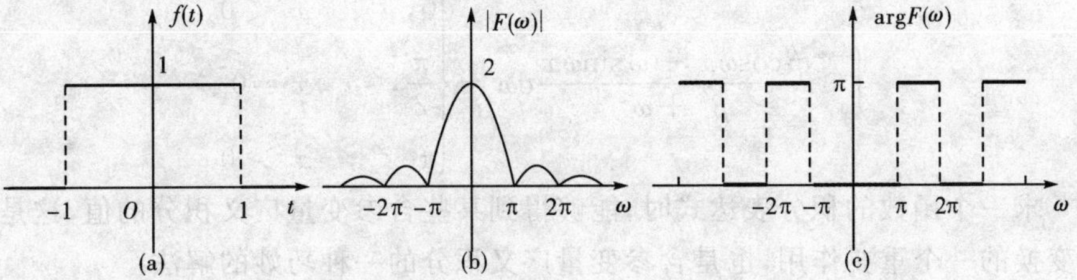

图 7-2

【例 7-3】 已知 $f(t)$ 的频谱为 $F(\omega)=\begin{cases}1, & |\omega|<1\\ 0, & |\omega|\geqslant 1\end{cases}$,求 $f(t)$.

解 $$f(t)=\mathscr{F}^{-1}[F(\omega)]=\frac{1}{2\pi}\int_{-\infty}^{+\infty}F(\omega)\cdot e^{j\omega t}d\omega=\frac{1}{2\pi}\int_{-1}^{1}e^{j\omega t}d\omega$$

$$=\frac{1}{\pi}\int_{0}^{1}\cos\omega t\,d\omega=\begin{cases}\dfrac{1}{\pi}\cdot\dfrac{\sin t}{t}, & t\neq 0\\ \dfrac{1}{\pi}, & t=0\end{cases}.$$

信号$\dfrac{\sin t}{t}\overset{\text{记作}}{=\!=}Sa(t)$(或信号$\dfrac{\alpha}{\pi}Sa(\alpha t),(\alpha>0)$)称为**抽样信号**,由于它具有非常特殊的频谱形式,因而在连续时间信号的离散化、离散时间信号的恢复以及信号滤波中发挥了重要的作用.

【例 7-4】 求单边指数衰减函数 $f(t)=\begin{cases}e^{-\beta t}, & t\geqslant 0\\ 0, & t<0\end{cases}$,$\beta>0$ 的傅氏变换及傅氏积分表达式.

解 $$F(\omega)=\mathscr{F}[f(t)]=\int_{-\infty}^{+\infty}f(t)\cdot e^{-j\omega t}dt=\int_{0}^{+\infty}e^{-(\beta+j\omega)t}dt$$

$$=\frac{1}{\beta+j\omega}=\frac{\beta-j\omega}{\beta^2+\omega^2}.$$

$f(t)$ 的傅氏积分表达式为

$$f(t)=\frac{1}{2\pi}\int_{-\infty}^{+\infty}\frac{\beta-j\omega}{\beta^2+\omega^2}\cdot e^{j\omega t}d\omega$$

$$=\frac{1}{2\pi}\int_{-\infty}^{+\infty}\frac{(\beta-j\omega)(\cos\omega t+j\sin\omega t)}{\beta^2+\omega^2}d\omega.$$

利用奇偶函数的积分性质,可得

$$f(t)=\frac{1}{\pi}\int_0^{+\infty}\frac{\beta\cos\omega t+\omega\sin\omega t}{\beta^2+\omega^2}\mathrm{d}\omega.$$

由此得到一个含参变量广义积分的结果

$$\int_0^{+\infty}\frac{\beta\cos\omega x+\omega\sin\omega x}{\beta^2+\omega^2}\mathrm{d}\omega=\begin{cases}0, & x<0\\ \frac{\pi}{2}, & x=0\\ \pi\mathrm{e}^{-\beta x}, & x>0\end{cases}.$$

求一个函数的积分表达式时,能够得到某些含参变量广义积分的值,这是积分变换的一个重要作用,也是含参变量广义积分的一种巧妙的解法.

习题 7-1

1.求下列周期函数的傅立叶级数的指数形式.

(1) $f_T(t)=|\sin t|$;

(2) $f_T(t)=3t+1(-\pi\leqslant t<\pi),T=2\pi$;

(3) $f_T(t)=\mathrm{e}^{2t}(-\pi\leqslant t<\pi),T=2\pi$;

(4) $f_T(t)=|1-t|(-1\leqslant t<1),T=2$.

2.求下列函数的傅氏变换.

(1) $f(t)=\begin{cases}-1, & -1<t<0\\ 1, & 0<t<1\\ 0, & \text{其他}\end{cases}$; (2) $f(t)=\begin{cases}\mathrm{e}^t, & t\leqslant 0\\ 0, & t>0\end{cases}$;

(3) $f(t)=\mathrm{e}^{-\beta|t|},\beta>0$.

3.求下列函数的傅氏逆变换.

(1) $F(\omega)=\frac{\sin\omega}{\omega}$; (2) $F(\omega)=\begin{cases}1, & 0<\omega\leqslant 1\\ 0, & \text{其他}\end{cases}$.

4.求下列函数的傅氏变换,并证明所列的积分等式.

(1) $f(t)=\begin{cases}1, & |t|\leqslant 1\\ 0, & |t|>1\end{cases}$.证明

$$\int_0^{+\infty}\frac{\sin\omega\cos\omega t}{\omega}\mathrm{d}\omega=\begin{cases}\frac{\pi}{2}, & |t|<1\\ \frac{\pi}{4}, & |t|=1\\ 0, & |t|>1\end{cases};$$

(2) $f(t)=\begin{cases}\sin t, & |t|\leqslant\pi\\ 0, & |t|>\pi\end{cases}$.证明

$$\int_0^{+\infty}\frac{\sin\omega\pi\sin\omega t}{1-\omega^2}\mathrm{d}\omega=\begin{cases}\frac{\pi}{2}\sin t, & |t|\leqslant\pi\\ 0, & |t|>\pi\end{cases}.$$

7.2 单位冲激函数

在实际工程问题中，有许多瞬时物理量不能用通常的函数形式来描述，如冲击力、脉冲电压、质点的质量等.

引例　将长度为 ε，质量为 m 的均匀细线放在 x 轴的 $[0,\varepsilon]$ 区间上，则它的线密度函数为

$$\rho_\varepsilon(x)=\begin{cases}\frac{m}{\varepsilon}, & 0\leqslant x\leqslant\varepsilon\\ 0, & \text{其他}\end{cases}.$$

放置在坐标原点的质量为 m 的质点，可认为它是细线长度 $\varepsilon\to 0$ 的结果，则质点的密度函数为

$$\rho(x)=\lim_{\varepsilon\to 0}\rho_\varepsilon(x)=\begin{cases}\infty, & x=0\\ 0, & x\neq 0\end{cases}.$$

然而，该密度函数并没有反映出质点的任何质量信息，还必须在此基础上附加一个条件

$$\int_{-\infty}^{+\infty}\rho(x)\mathrm{d}x=m.$$

7.2.1 单位冲激函数的概念及性质

定义 7-2　称满足以下两个条件的函数 $\delta(t)$ 为**单位冲激函数**(或者**单位脉冲函数**)

(1) 当 $t\neq 0$ 时，$\delta(t)=0$；

(2) $\int_{-\infty}^{+\infty}\delta(t)\mathrm{d}t=1$.

单位冲激函数 $\delta(t)$ 又称为**狄拉克**(Dirac) **函数**或者 δ **函数**.显然，借助单位冲激函数，前面引例中质点的密度函数就可表示为 $\rho(x)=m\delta(x)$.

单位冲激函数 $\delta(t)$ 并不是经典意义下的函数，而是一个**广义函数**(或者**奇异函数**)，它不能用通常意义下的“值的对应关系”来理解和使用，而总是通过它

的性质来使用它.

单位冲激函数有多种定义方式,前面给出的定义方式是由狄拉克给出的.

1.单位冲激函数的性质

(1) 筛选性质

$$\int_{-\infty}^{+\infty}\delta(t-t_0)f(t)\mathrm{d}t=f(t_0).$$

特别地,当 $t_0=0$ 时,$\int_{-\infty}^{+\infty}\delta(t)f(t)\mathrm{d}t=f(0)$.

(2) 对称性质

δ 函数为偶函数,即 $\delta(t)=\delta(-t)$.

(3) 设 $u(t)$ 为**单位阶跃函数**,即 $u(t)=\begin{cases}1, & t>0\\0, & t<0\end{cases}$,则

$$\int_{-\infty}^{t}\delta(t)\mathrm{d}t=u(t),u'(t)=\delta(t).$$

2.单位冲激函数的图形表示

δ 函数的图形表示方式非常特别,通常采用一个从原点出发、长度为 1 的有向线段(图 7-3(a))来表示,其中有向线段的长度代表 δ 函数的积分值,称为**冲激强度**,如函数 $A\delta(t)$ 的冲激强度为 A(图 7-3(b)).$\delta(t-t_0)$ 的图形如图 7-3(c)所示.

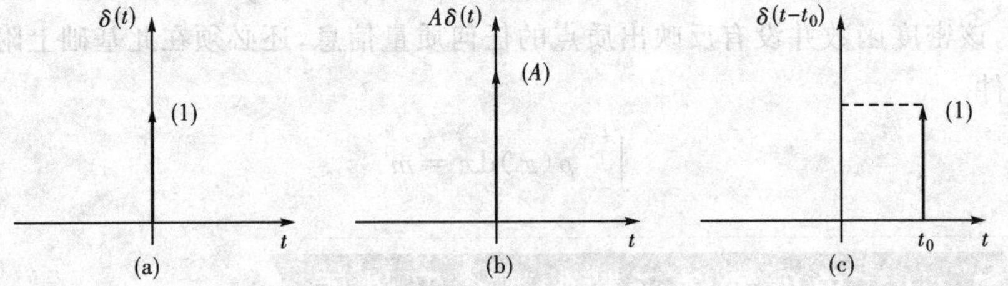

图 7-3

7.2.2 单位冲激函数的傅立叶变换

利用筛选性质,可得出 δ 函数的傅氏变换:

$$\mathscr{F}[\delta(t)]=\int_{-\infty}^{+\infty}\delta(t)\mathrm{e}^{-j\omega t}\mathrm{d}t=\mathrm{e}^{-j\omega t}\big|_{t=0}=1.$$

可见单位冲激函数包含所有频率成分,且它们具有相等的幅度,此频谱称为**均匀频谱或白色频谱**.同时我们得出 $\delta(t)$ 与 1 构成傅氏变换对 $\delta(t)\leftrightarrow 1$.按逆变

换公式有

$$\mathscr{F}^{-1}[1]=\frac{1}{2\pi}\int_{-\infty}^{+\infty}1\cdot e^{j\omega t}d\omega=\delta(t).$$

由此得到关于 δ 函数的**重要公式**:

$$\int_{-\infty}^{+\infty}e^{j\omega t}d\omega=2\pi\delta(t).$$

在 δ 函数的傅氏变换中,其反常积分是根据 δ 函数的性质直接给出的,而不是通过通常的积分方式得出来的,称这种方式的傅氏变换是一种**广义的傅氏变换**.

【例 7-5】 分别求函数 $f_1(t)=1$ 与 $f_2(t)=e^{j\omega_0 t}$ 的傅氏变换.

解 $\mathscr{F}[1]=\int_{-\infty}^{+\infty}1\cdot e^{-j\omega t}dt=2\pi\delta(-\omega)=2\pi\delta(\omega)$;

$$\mathscr{F}[e^{j\omega_0 t}]=\int_{-\infty}^{+\infty}e^{j\omega_0 t}\cdot e^{-j\omega t}dt=\int_{-\infty}^{+\infty}e^{j(\omega_0-\omega)t}dt=2\pi\delta(\omega_0-\omega)=2\pi\delta(\omega-\omega_0).$$

【例 7-6】 证明单位阶跃函数 $u(t)$ 在 $t\neq 0$ 时的傅氏变换为

$$U(\omega)=\frac{1}{j\omega}+\pi\delta(\omega).$$

证明

$$\begin{aligned}\mathscr{F}^{-1}[U(\omega)]&=\frac{1}{2\pi}\int_{-\infty}^{+\infty}U(\omega)e^{j\omega t}d\omega\\&=\frac{1}{2\pi}\int_{-\infty}^{+\infty}\left[\frac{1}{j\omega}+\pi\delta(\omega)\right]e^{j\omega t}d\omega\\&=\frac{1}{2j\pi}\int_{-\infty}^{+\infty}\frac{1}{\omega}e^{j\omega t}d\omega+\frac{1}{2}\int_{-\infty}^{+\infty}\delta(\omega)e^{j\omega t}d\omega\\&=\frac{1}{\pi}\int_{0}^{+\infty}\frac{\sin\omega t}{\omega}d\omega+\frac{1}{2},\end{aligned}$$

由狄利克雷积分

$$\int_{0}^{+\infty}\frac{\sin\omega}{\omega}d\omega=\frac{\pi}{2},$$

知

$$\int_{0}^{+\infty}\frac{\sin\omega t}{\omega}d\omega=\begin{cases}\frac{\pi}{2}, & t>0\\0, & t=0\\-\frac{\pi}{2}, & t<0\end{cases}.$$

因此,当 $t\neq 0$ 时

$$\mathscr{F}^{-1}[U(\omega)]=\frac{1}{\pi}\int_{0}^{+\infty}\frac{\sin\omega t}{\omega}d\omega+\frac{1}{2}=u(t)=\begin{cases}1, & t>0\\0, & t<0\end{cases}.$$

【例 7-7】 求周期函数 $f(t)=\cos\omega_0 t$ 的傅氏变换.

解 由 $\cos\omega_0 t=\frac{1}{2}(e^{j\omega_0 t}+e^{-j\omega_0 t})$ 得

$$F(\omega)=\mathscr{F}[f(t)]=\frac{1}{2}\int_{-\infty}^{+\infty}(e^{j\omega_0 t}+e^{-j\omega_0 t})\cdot e^{-j\omega t}\,dt$$

$$=\frac{1}{2}\left(\int_{-\infty}^{+\infty}e^{-j\omega_0 t}\cdot e^{-j\omega t}\,dt+\int_{-\infty}^{+\infty}e^{j\omega_0 t}\cdot e^{-j\omega t}\,dt\right)$$

$$=\frac{1}{2}(\mathscr{F}[e^{-j\omega_0 t}]+\mathscr{F}[e^{j\omega_0 t}])$$

$$=\pi[\delta(\omega+\omega_0)+\delta(\omega-\omega_0)].$$

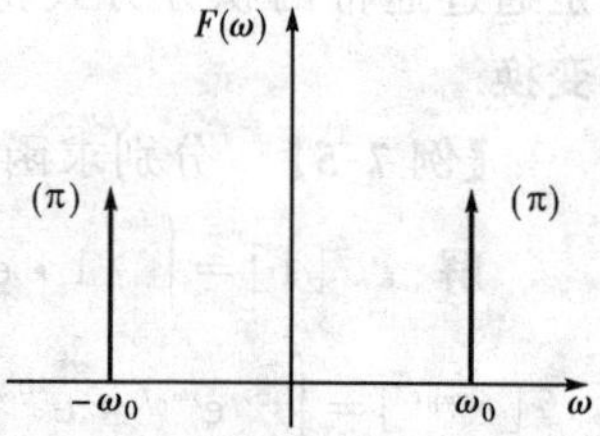

图 7-4

$F(\omega)$ 的图形如图 7-4 所示.

同理可得

$$\mathscr{F}[\sin\omega_0 t]=\frac{1}{2j}(\mathscr{F}[e^{j\omega_0 t}]-\mathscr{F}[e^{-j\omega_0 t}])$$

$$=j\pi[\delta(\omega+\omega_0)-\delta(\omega-\omega_0)].$$

傅氏变换一般要求函数 $f(t)$ 绝对可积,但引入了 δ 函数并提出了广义傅氏变换的概念后,放宽了对 $f(t)$ 的要求.特别是周期函数也可以进行傅氏变换,从而使傅立叶级数与傅氏变换统一起来.

7.2.3 周期函数的傅立叶变换

定理 7-3 设函数 $f_T(t)$ 以 T 为周期,在 $\left[-\frac{T}{2},\frac{T}{2}\right]$ 上满足狄利克雷条件,则 $f_T(t)$ 的傅氏变换为

$$F(\omega)=2\pi\sum_{n=-\infty}^{+\infty}F(n\omega_0)\delta(\omega-n\omega_0).$$

其中,$\omega_0=\frac{2\pi}{T}$,$F(n\omega_0)$ 是 $f_T(t)$ 的离散频谱.

证明 设周期函数 $f_T(t)$ 的傅立叶级数的指数形式为

$$f_T(t)=\sum_{n=-\infty}^{+\infty}F(n\omega_0)e^{jn\omega_0 t},$$

则 $f_T(t)$ 的傅氏变换为

$$F(\omega)=\int_{-\infty}^{+\infty}f_T(t)e^{-j\omega t}\,dt=\sum_{n=-\infty}^{+\infty}\int_{-\infty}^{+\infty}F(n\omega_0)e^{jn\omega_0 t}e^{-j\omega t}\,dt$$

$$= \sum_{n=-\infty}^{+\infty} F(n\omega_0)\int_{-\infty}^{+\infty} e^{-j(\omega-n\omega_0)t}\,dt$$

$$= 2\pi \sum_{n=-\infty}^{+\infty} F(n\omega_0)\delta(\omega-n\omega_0).$$

【例 7-8】 周期函数 $f(t)=\sin\omega_0 t$ 的傅氏变换.

由 $\sin\omega_0 t=\frac{1}{2j}(e^{j\omega_0 t}-e^{-j\omega_0 t})$ 知

$$F(n\omega_0)=\begin{cases}\frac{1}{2j}, & n=1\\ 0, & n\neq\pm 1.\\ \frac{-1}{2j}, & n=-1\end{cases}$$

则由定理 7-3 知

$$F(\omega)=2\pi\left[\frac{1}{2j}\delta(\omega-\omega_0)-\frac{1}{2j}\delta(\omega+\omega_0)\right]$$

$$=j\pi[\delta(\omega+\omega_0)-\delta(\omega-\omega_0)].$$

习题 7-2

1.求下列函数的傅氏变换.

(1) $f(t)=\frac{1}{2}\left[\delta\left(t+\frac{a}{2}\right)+\delta\left(t-\frac{a}{2}\right)\right]$;

(2) $f(t)=\delta(t)+\delta(t-1)+\delta(t+2)$.

2.求下列函数的傅氏逆变换.

(1) $F(\omega)=\pi[\delta(\omega-a)-\delta(\omega+a)]$;

(2) $F(\omega)=\delta(\omega)+\delta(\omega+1)+\delta(\omega-2)$.

7.3 傅立叶变换的性质

7.3.1 基本性质

设 $F(\omega)=\mathscr{F}[f(t)]$, $G(\omega)=\mathscr{F}[g(t)]$.

1.线性性质

设 α,β 为常数,则

$$\mathscr{F}[\alpha f(t)+\beta g(t)]=\alpha F(\omega)+\beta G(\omega),$$
$$\mathscr{F}^{-1}[\alpha F(\omega)+\beta G(\omega)]=\alpha f(t)+\beta g(t).$$

2.位移性质

设 t_0、ω_0 为实常数,则

$$\mathscr{F}[f(t-t_0)]=\mathrm{e}^{-j\omega t_0}F(\omega);(\text{时移性质})$$
$$\mathscr{F}^{-1}[F(\omega-\omega_0)]=\mathrm{e}^{j\omega_0 t}f(t).(\text{频移性质})$$

时移性质表明:当一个信号沿时间轴移动后,各频率成分的大小不发生改变,但相位发生变化;频移性质表明:将信号在时域中乘以复因子 $\mathrm{e}^{j\omega_0 t}$,则其频谱在频域中右移 ω_0,该性质被用来进行频谱搬移,在通信系统中得到了广泛应用.

3.相似性质

设 a 为非零常数,则

$$\mathscr{F}[f(at)]=\frac{1}{|a|}F\left(\frac{\omega}{a}\right).$$

相似性质表明:若信号被压缩($|a|>1$)则其频谱被扩展;若信号被扩展($0<|a|<1$)则其频谱被压缩.

【例 7-9】 求抽样信号 $\frac{\alpha}{\pi}Sa(\alpha t)=\frac{\sin\alpha t}{\pi t}$,$\alpha>0$ 的频谱.

解 记 $F(\omega)=\mathscr{F}\left[\frac{\alpha}{\pi}Sa(t)\right]=\alpha\cdot\mathscr{F}\left[\frac{1}{\pi}Sa(t)\right]$,由例 7-3 知

$$F(\omega)=\begin{cases}\alpha, & |\omega|<1\\ 0, & |\omega|\geqslant 1\end{cases}.$$

由相似性质,得

$$\mathscr{F}\left[\frac{\alpha}{\pi}Sa(\alpha t)\right]=\frac{1}{\alpha}F\left(\frac{\omega}{\alpha}\right)=\begin{cases}1, & |\omega|<\alpha\\ 0, & |\omega|\geqslant\alpha\end{cases}.$$

图 7-5 描述了 $\alpha=2$ 时的情形,从图中可以看出,由信号 $\frac{2}{\pi}Sa(t)$(记为 $f(t)$)压缩后的信号 $\frac{2}{\pi}Sa(2t)$(即 $f(2t)$)变化加剧,频率变高,频率范围由原来的 $|\omega|<1$ 变为 $|\omega|<2$.

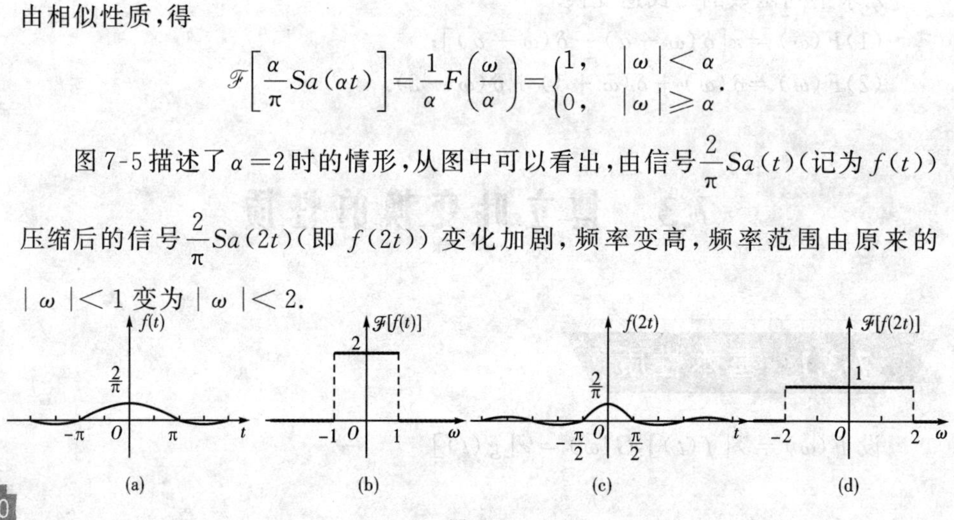

图 7-5

4.微分性质

若 $\lim\limits_{|t|\to+\infty} f(t)=0$,则有**导数的像函数**公式

$$\mathscr{F}[f'(t)]=j\omega F(\omega).$$

一般地,若 $\lim\limits_{|t|\to+\infty} f^{(k)}(t)=0,(k=0,1,2,\cdots,n-1)$,则

$$\mathscr{F}[f^{(n)}(t)]=(j\omega)^n F(\omega).$$

同样,可得到**像函数的导数**公式

$$F'(\omega)=-j\mathscr{F}[tf(t)];$$
$$F^{(n)}(\omega)=(-j)^n\mathscr{F}[t^n f(t)].$$

综上可知 $f^{(n)}(t)\leftrightarrow(j\omega)^n F(\omega),(-jt)^n f(t)\leftrightarrow F^{(n)}(\omega)$ 或 $t^n f(t)\leftrightarrow j^n F^{(n)}(\omega)$.

5.积分性质

若 $\lim\limits_{t\to+\infty}\int_{-\infty}^{t} f(t)\mathrm{d}t=0$,则

$$\mathscr{F}\left[\int_{-\infty}^{t} f(t)\mathrm{d}t\right]=\frac{1}{j\omega}F(\omega).$$

【例 7-10】 求解微积分方程

$$ax'(t)+bx(t)+c\int_{-\infty}^{t} x(t)\mathrm{d}t=h(t),$$

其中 $-\infty<t<+\infty$,a、b、c 为常数,$h(t)$ 为已知函数,其傅氏变换存在.

解 记 $\mathscr{F}[x(t)]=X(\omega)$,$\mathscr{F}[h(t)]=H(\omega)$.对方程两边同时作傅氏变换,得

$$aj\omega X(\omega)+bX(\omega)+\frac{c}{j\omega}X(\omega)=H(\omega),$$

$$X(\omega)=\frac{H(\omega)}{b+j\left(a\omega-\dfrac{c}{\omega}\right)}.$$

求上式的傅氏逆变换,得

$$x(t)=\mathscr{F}^{-1}[X(\omega)]=\frac{1}{2\pi}\int_{-\infty}^{+\infty}\frac{H(\omega)}{b+j\left(a\omega-\dfrac{c}{\omega}\right)}\mathrm{e}^{j\omega t}\mathrm{d}\omega.$$

此即所求微积分方程的积分形式的解.

6.帕塞瓦尔(Parseval)等式

$$\int_{-\infty}^{+\infty} f^2(t)\mathrm{d}t=\frac{1}{2\pi}\int_{-\infty}^{+\infty}|F(\omega)|^2\mathrm{d}\omega.$$

平方可积函数在物理上就是能量有限的信号,上式左端是信号在时域的总能量,右端是信号在频域的总能量的 $\frac{1}{2\pi}$ 倍,该等式的物理意义就在于它给出了

这两种能量之间的正比例关系.因而此式也称为**能量积分**，$|F(\omega)|^2$ 也称作**能量谱密度**.

【例 7-11】 求积分$\int_{-\infty}^{+\infty}\frac{\sin^2 x}{x^2}\mathrm{d}x$ 的值.

解 设 $F(\omega)=\frac{\sin\omega}{\omega}$,由例 7-2 知

$$f(t)=\mathscr{F}^{-1}[F(\omega)]=\begin{cases}\frac{1}{2}, & |t|<1\\ 0, & |t|>1.\\ \frac{1}{4}, & |t|=1\end{cases}$$

由帕塞瓦尔等式得

$$\int_{-\infty}^{+\infty}\frac{\sin^2 x}{x^2}\mathrm{d}x=2\pi\int_{-\infty}^{+\infty}f^2(t)\mathrm{d}t=2\pi\int_{-1}^{1}\left(\frac{1}{2}\right)^2\mathrm{d}t=\pi.$$

下面我们综合傅氏变换的各性质进行举例.

【例 7-12】 已知 $F(\omega)=\frac{1}{\beta+j(\omega+\omega_0)}(\beta>0,\omega_0$ 为实常数)，求 $f(t)=\mathscr{F}^{-1}[F(\omega)]$.

解 由例 7-4 知

$$\mathscr{F}^{-1}\left[\frac{1}{\beta+j\omega}\right]=\begin{cases}\mathrm{e}^{-\beta t}, & t\geqslant 0\\ 0, & t<0\end{cases}.$$

由位移性质,得

$$\mathscr{F}^{-1}\left[\frac{1}{\beta+j(\omega+\omega_0)}\right]=\mathrm{e}^{-j\omega_0 t}\cdot\mathscr{F}^{-1}\left[\frac{1}{\beta+j\omega}\right]=\begin{cases}\mathrm{e}^{-(\beta+j\omega_0)t}, & t\geqslant 0\\ 0, & t<0\end{cases}.$$

【例 7-13】 求函数 $f(t)=\sin(at+c)$,($a\neq 0,c$ 为实常数) 的傅氏变换.

解 由例 7-7 知

$$\mathscr{F}[\sin at]=j\pi[\delta(\omega+a)-\delta(\omega-a)],$$

则由位移性质,得

$$\mathscr{F}[\sin(at+c)]=\mathscr{F}\left[\sin a\left(t+\frac{c}{a}\right)\right]=j\pi\mathrm{e}^{j\omega\frac{c}{a}}[\delta(\omega+a)-\delta(\omega-a)].$$

【例 7-14】 求函数 $f_1(t)=\delta(at)$, $f_2(t)=\delta^{(n)}(t)$, $f_3(t)=\delta^{(n)}(at-c)$, ($a\neq 0,c$ 为实常数) 的傅氏变换.

解 记 $F(\omega)=\mathscr{F}[\delta(t)]=1$,则由相似性质,得

$$\mathscr{F}[\delta(at)]=\frac{1}{|a|}F\left(\frac{\omega}{a}\right)=\frac{1}{|a|};$$

由微分性质，得

$$\mathscr{F}[\delta^{(n)}(t)]=(j\omega)^n\cdot F(\omega)=(j\omega)^n;$$

再结合位移性质，得

$$\begin{aligned}\mathscr{F}[\delta^{(n)}(at-c)]&=(j\omega)^n\cdot\mathscr{F}[\delta(at-c)]\\&=(j\omega)^n\cdot\mathscr{F}\left[\delta\left(a\left(t-\frac{c}{a}\right)\right)\right]\\&=(j\omega)^n e^{-j\omega\frac{c}{a}}\mathscr{F}[\delta(at)]\\&=\frac{(j\omega)^n}{|a|}e^{-j\omega\frac{c}{a}}.\end{aligned}$$

【例 7-15】 利用傅氏变换的性质，求信号

$$f(t)=\begin{cases}-1, & -1<t<0\\1, & 0<t<1\\0, & \text{其他}\end{cases};(\text{图 7-6(a)})$$

的频谱 $F(\omega)$.

解 $f(t)=[u(t)-u(t-1)]\cdot 1+[u(t+1)-u(t)]\cdot(-1)$
$=2u(t)-u(t-1)-u(t+1)$,
$f'(t)=2\delta(t)-\delta(t-1)-\delta(t+1)$.(如图 7-6(b))

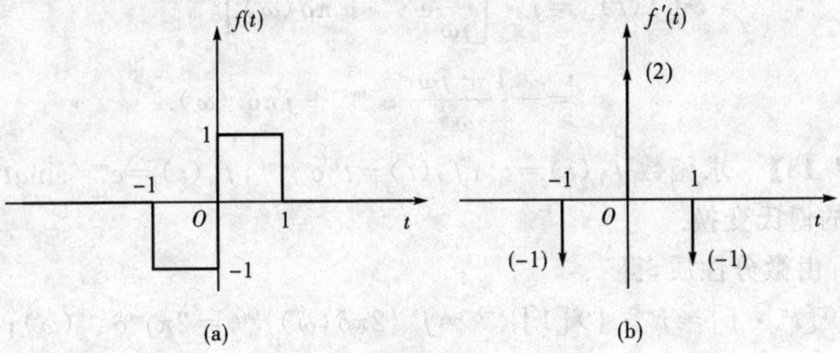

图 7-6

因 $\lim\limits_{t\to\pm\infty}f(t)=0$，故由微分性质及线性性质，知

$$\begin{aligned}j\omega\cdot F(\omega)&=\mathscr{F}[f'(t)]=\mathscr{F}[2\delta(t)-\delta(t-1)-\delta(t+1)]\\&=2\mathscr{F}[\delta(t)]-\mathscr{F}[\delta(t-1)]-\mathscr{F}[\delta(t+1)]\\&=2-e^{-j\omega}-e^{j\omega}=2(1-\cos\omega),\end{aligned}$$

从而

$$F(\omega)=-j2\frac{1-\cos\omega}{\omega}.$$

【例 7-16】 求函数 $f(t)=e^{j\omega_0 t}tu(t)$($\omega_0$ 为实常数)的傅氏变换.

解 由例 7-6 知

$$\mathscr{F}[u(t)]=\frac{1}{j\omega}+\pi\delta(\omega),$$

由微分性质,得

$$\mathscr{F}[t\cdot u(t)]=j\cdot\{\mathscr{F}[u(t)]\}'=j\left\{\frac{1}{j\omega}+\pi\delta(\omega)\right\}'=-\frac{1}{\omega^2}+j\pi\delta'(\omega),$$

由位移性质,得

$$\mathscr{F}[f(t)]=-\frac{1}{(\omega-\omega_0)^2}+j\pi\delta'(\omega-\omega_0).$$

【例 7-17】 求函数 $f(t)=tu(t-c)$(c 为实常数)的傅氏变换.

解 由位移性质,得

$$\mathscr{F}[u(t-c)]=e^{-j\omega c}\cdot\mathscr{F}[u(t)]=e^{-j\omega c}\left[\frac{1}{j\omega}+\pi\delta(\omega)\right]$$

$$=\frac{1}{j\omega}e^{-j\omega c}+\pi\delta(\omega),$$

由微分性质,得

$$\mathscr{F}[f(t)]=j\cdot\left[\frac{1}{j\omega}e^{-j\omega c}+\pi\delta(\omega)\right]'$$

$$=-\frac{1+j\omega c}{\omega^2}e^{-j\omega c}+j\pi\delta'(\omega).$$

【例 7-18】 求函数 $f_1(t)=t^n, f_2(t)=t^n e^{-j\omega_0 t}, f_3(t)=e^{j\omega_0 t}\sin at$($a$、$\omega_0$ 为实常数)的傅氏变换.

解 由微分性质,得

$$\mathscr{F}[t^n\cdot 1]=j^n\cdot\{\mathscr{F}[1]\}^{(n)}=j^n\{2\pi\delta(\omega)\}^{(n)}=2\pi j^n\delta^{(n)}(\omega);$$

由位移性质,得

$$\mathscr{F}[t^n\cdot e^{-j\omega_0 t}]=2\pi j^n\delta^{(n)}(\omega+\omega_0);$$

由 $\mathscr{F}[\sin at]=j\pi[\delta(\omega+a)-\delta(\omega-a)]$ 及位移性质,得

$$\mathscr{F}[e^{j\omega_0 t}\cdot\sin at]=j\pi[\delta(\omega-\omega_0+a)-\delta(\omega-\omega_0-a)].$$

【例 7-19】 求函数 $F_1(\omega)=(j\omega)^n e^{-j\omega c}, F_2(\omega)=2\pi j^n\delta^{(n)}(\omega-c)$($c$ 为实常数)的傅氏逆变换.

解 设 $f(t)\leftrightarrow F(\omega)$,由微分性质 $f^{(n)}(t)\leftrightarrow(j\omega)^n\cdot F(\omega)$,知

$$F_1(\omega)=(j\omega)^n\cdot e^{-j\omega c}\leftrightarrow\{\mathscr{F}^{-1}[e^{-j\omega c}\cdot 1]\}^{(n)},$$

因 $1\leftrightarrow\delta(t)$,由位移性质知

$$e^{-j\omega c}\cdot 1\leftrightarrow\delta(t-c),$$

从而

$$\mathscr{F}^{-1}[F_1(\omega)]=\{\delta(t-c)\}^{(n)}=\delta^{(n)}(t-c);$$

由微分性质 $t^n\cdot f(t)\leftrightarrow j^n\cdot F^{(n)}(\omega)$,知

$$\begin{aligned}F_2(\omega)&=2\pi j^n\delta^{(n)}(\omega-c)=j^n\cdot[2\pi\delta(\omega-c)]^{(n)}\\&\leftrightarrow t^n\cdot\mathscr{F}^{-1}[2\pi\delta(\omega-c)]\\&\leftrightarrow t^n e^{jct}\mathscr{F}^{-1}[2\pi\delta(\omega)]=t^n e^{jct}.\text{(位移性质)}\end{aligned}$$

即 $\mathscr{F}^{-1}[F_2(\omega)]=t^n e^{jct}$.

傅氏变换性质一览表

性质	$f(t)$	$F(\omega)$
线性	$\alpha f(t)+\beta g(t)$	$\alpha F(\omega)+\beta G(\omega)$
时移	$f(t-t_0)$	$e^{-j\omega t_0}F(\omega)$
频移	$e^{j\omega_0 t}f(t)$	$F(\omega-\omega_0)$
相似	$f(at)$	$\frac{1}{\|a\|}F\left(\frac{\omega}{a}\right)$
微分	$f^{(n)}(t)$ $(-jt)^n f(t)$	$(j\omega)^n F(\omega)$ $F^{(n)}(\omega)$
积分	$\int_{-\infty}^{t}f(t)\mathrm{d}t$	$\frac{1}{j\omega}F(\omega)$
卷积	$f_1(t)*f_2(t)$	$F_1(\omega)F_2(\omega)$
	$f_1(t)f_2(t)$	$\frac{1}{2\pi}F_1(\omega)*F_2(\omega)$

7.3.2 卷积与卷积定理

1.卷积

定义 7-3 设函数 $f_1(t)$、$f_2(t)$ 在 $(-\infty,+\infty)$ 内绝对可积,则积分

$$\int_{-\infty}^{+\infty}f_1(\tau)f_2(t-\tau)\mathrm{d}\tau$$

称为 $f_1(t)$ 与 $f_2(t)$ 的**卷积**(或褶积),记为 $f_1(t)*f_2(t)$.

根据定义,容易验证卷积满足如下性质

(1) 交换律 $f_1(t)*f_2(t)=f_2(t)*f_1(t)$;

(2) 结合律 $f_1(t)*[f_2(t)*f_3(t)]=[f_1(t)*f_2(t)]*f_3(t)$;

(3) 分配率 $f_1(t)*[f_2(t)+f_3(t)]=f_1(t)*f_2(t)+f_1(t)*f_3(t)$.

【例 7-20】 求下列函数的卷积.

$$f_1(t)=\begin{cases}1, & t\geqslant 0\\ 0, & t<0\end{cases};\quad f_2(t)=\begin{cases}e^{-\beta t}, & t\geqslant 0\\ 0, & t<0\end{cases}.$$

其中 $\beta>0$.

解 由卷积定义,知

$$f_1(t)*f_2(t)=\int_{-\infty}^{+\infty}f_1(\tau)f_2(t-\tau)d\tau,$$

由图 7-7 可得:当 $t<0$ 时,

$$f_1(t)*f_2(t)=0;$$

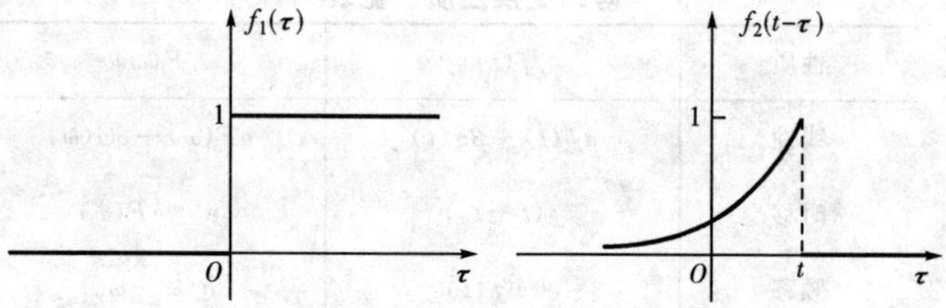

图 7-7

当 $t\geqslant 0$ 时,

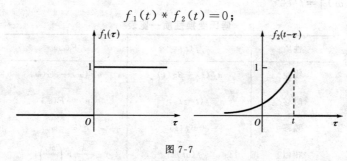

$$f_1(t)*f_2(t)=\int_0^t f_1(\tau)f_2(t-\tau)d\tau=\int_0^t e^{-\beta(t-\tau)}d\tau$$

$$=e^{-\beta t}\int_0^t e^{\beta\tau}d\tau=\frac{1}{\beta}(1-e^{-\beta t}).$$

综上可得

$$f_1(t)*f_2(t)=\begin{cases}0, & t<0\\ \dfrac{1}{\beta}(1-e^{-\beta t}), & t\geqslant 0\end{cases}.$$

2.卷积定理

定理 7-4 设 $F_1(\omega)=\mathscr{F}[f_1(t)]$,$F_2(\omega)=\mathscr{F}[f_2(t)]$,则有

$$\mathscr{F}[f_1(t)*f_2(t)]=F_1(\omega)\cdot F_2(\omega),$$

$$\mathscr{F}[f_1(t)\cdot f_2(t)]=\frac{1}{2\pi}F_1(\omega)*F_2(\omega). \tag{7-3}$$

证明 由卷积与傅氏变换的定义得

$$\mathscr{F}[f_1(t)*f_2(t)]=\int_{-\infty}^{+\infty}[f_1(t)*f_2(t)]e^{-j\omega t}dt$$

$$=\int_{-\infty}^{+\infty}\left[\int_{-\infty}^{+\infty}f_1(\tau)f_2(t-\tau)d\tau\right]e^{-j\omega t}dt$$

$$=\int_{-\infty}^{+\infty}f_1(\tau)\left[\int_{-\infty}^{+\infty}f_2(t-\tau)e^{-j\omega t}dt\right]d\tau$$

$$=\int_{-\infty}^{+\infty} f_1(\tau)\mathrm{e}^{-j\omega\tau}\left[\int_{-\infty}^{+\infty} f_2(t-\tau)\mathrm{e}^{-j\omega(t-\tau)}\mathrm{d}t\right]\mathrm{d}\tau$$
$$=F_1(\omega)\cdot F_2(\omega).$$

式(7-3)同理可证.

利用卷积定理可以简化卷积计算及某些函数的傅氏变换.

【例 7-21】 求下列函数的卷积.

$$f_1(t)=\frac{\sin\alpha t}{\pi t},f_2(t)=\frac{\sin\beta t}{\pi t},$$

其中 $\alpha>0,\beta>0$.

解 设 $F_1(\omega)=\mathscr{F}[f_1(t)],F_2(\omega)=\mathscr{F}[f_2(t)]$,由例 7-9 知

$$F_1(\omega)=\begin{cases}1, & |\omega|\leqslant\alpha\\0, & |\omega|>\alpha\end{cases};\quad F_2(\omega)=\begin{cases}1, & |\omega|\leqslant\beta\\0, & |\omega|>\beta\end{cases}.$$

因此知

$$F_1(\omega)\cdot F_2(\omega)=\begin{cases}1, & |\omega|\leqslant\gamma\\0, & |\omega|>\gamma\end{cases}\quad(\text{其中 }\gamma=\min(\alpha,\beta)),$$

由卷积定理得

$$f_1(t)*f_2(t)=\mathscr{F}^{-1}[F_1(\omega)\cdot F_2(\omega)]=\frac{\sin\gamma t}{\pi t}.$$

【例 7-22】 设 $f(t)=\mathrm{e}^{-\beta t}u(t)\sin\omega_0 t(\beta>0)$,求 $\mathscr{F}[f(t)]$.

解 由卷积定理得

$$\mathscr{F}[f(t)]=\frac{1}{2\pi}\mathscr{F}[\mathrm{e}^{-\beta t}u(t)]*\mathscr{F}[\sin\omega_0 t]\left(\text{由例 7-4 知 }\mathscr{F}[\mathrm{e}^{-\beta t}u(t)]=\frac{1}{\beta+j\omega}\right)$$
$$=\frac{1}{2\pi}\int_{-\infty}^{+\infty}\frac{j\pi}{\beta+j\tau}[\delta(\omega+\omega_0-\tau)-\delta(\omega-\omega_0-\tau)]\mathrm{d}\tau$$
$$=\frac{j}{2}\left[\frac{1}{\beta+j(\omega+\omega_0)}-\frac{1}{\beta+j(\omega-\omega_0)}\right]=\frac{\omega_0}{(\beta+j\omega)^2+\omega_0^2}.$$

习题 7-3

1.求下列函数的傅氏变换.

(1) $f(t)=\sin^3 t$;　(2) $f(t)=\sin t\cos t$;

(3) $f(t)=\cos^2 2t$;　(4) $f(t)=t\sin 2t$;

(5) $\operatorname{sgn}t=\begin{cases}-1, & t<0\\1, & t>0\end{cases}$;　(6) $f(t)=\sin\left(5t-\frac{\pi}{3}\right)$;

(7) $f(t)=2\delta\left(-\frac{t}{3}\right)+3\delta(2t)$;　(8) $f(t)=2u\left(-\frac{t}{3}\right)+3u(2t)$;

(9) $f(t)=3\delta(t-2)-2\delta(t+1)$；　　(10) $f(t)=2\delta(t-1)+3\delta(2-t)$；

(11) $f(t)=\delta'(-2t)$；　　(12) $f(t)=\delta'(2t-1)$；

(13) $f(t)=\sin 2t\cdot u(t)$；　　(14) $f(t)=t^2u(t-1)$；

(15) $f(t)=u(t-1)e^{j2t}$；　　(16) $f(t)=|t|$.

2.已知 $F[f(t)]=F(\omega)$，求下列函数的傅氏变换.

(1) $tf(t)$；　　(2) $(1-t)f(1-t)$；

(3) $tf(-2t)$；　　(4) $(t-2)f(1-2t)$；

(5) $tf'(t)$；　　(6) $t\int_{-\infty}^{t}f(t)\mathrm{d}t$.(其中 $\lim\limits_{t\to+\infty}\int_{-\infty}^{t}f(t)\mathrm{d}t=0$)

3.利用傅氏变换的性质求下列函数的傅氏变换.

(1) $f(t)=\begin{cases}1, & |t|\leqslant 1\\ 0, & |t|>1\end{cases}$；　　(2) $f(t)=\begin{cases}1-|t|, & |t|\leqslant 1\\ 0, & |t|>1\end{cases}$.

4.利用傅氏变换的性质求下列函数的傅氏逆变换.(其中 ω_0，t_0 为实常数)

(1) $F(\omega)=\pi[\delta''(\omega+\omega_0)+\delta''(\omega-\omega_0)]$；

(2) $F(\omega)=\dfrac{1}{j(\omega-\omega_0)}e^{-j(\omega-\omega_0)t_0}+\pi\delta(\omega-\omega_0)$.

5.求下列函数的卷积.

(1) $f_1(t)=\begin{cases}e^{-\alpha t}, & t\geqslant 0\\ 0, & t<0\end{cases}$；　$f_2(t)=\begin{cases}e^{-\beta t}, & t\geqslant 0\\ 0, & t<0\end{cases}$.(其中 $\alpha,\beta>0$)

(2) $f_1(t)=t^2u(t)$，$f_2(t)=\begin{cases}1, & |t|\leqslant 1\\ 0, & |t|>1\end{cases}$.

第8章 拉普拉斯变换

8.1 拉普拉斯变换的概念

上章介绍的傅立叶变换在许多领域都有着广泛的应用，特别是在信号分析和处理方面，它发挥了极为重要的作用，是最基本的分析处理工具.但古典傅氏变换对函数的要求（狄利克雷条件和绝对可积）较为苛刻，特别是绝对可积这个条件让很多简单的函数都无法满足.δ 函数的引入，虽拓宽了傅氏变换的适用范围，但仍有很大的局限性.本章介绍的拉普拉斯（Laplace）变换，既具有和傅氏变换类似的性质，又能克服傅氏变换的一些不足，对古典傅氏变换的适用范围进行了推广.

8.1.1 拉普拉斯变换的定义

定义 8-1 设函数 $f(t)$ 是定义在 $[0,+\infty)$ 上的实值函数，若对复参数 $s=\beta+j\omega$，积分

$$F(s)=\int_0^{+\infty} f(t)\mathrm{e}^{-st}\,\mathrm{d}t \tag{8-1}$$

在复平面 s 的某一区域内收敛，则称 $F(s)$ 为 $f(t)$ 的**拉普拉斯变换**（简称**拉氏变换**），记为 $F(s)=\mathscr{L}[f(t)]$；相应地，称 $f(t)$ 为 $F(s)$ 的**拉普拉斯逆变换**（简称**拉氏逆变换**），记为 $f(t)=\mathscr{L}^{-1}[F(s)]$.有时也将 $f(t)$ 和 $F(s)$ 分别称为**像原函数**和**像函数**.

前文提到，拉氏变换可以克服傅氏变换在适用范围上的不足，那它是如何做到的？拉氏变换和傅氏变换之间有着怎样的关系呢？事实上，根据拉氏变换的定义，我们有

$$\begin{aligned}\mathscr{L}[f(t)]&=\int_0^{+\infty} f(t)\mathrm{e}^{-st}\,\mathrm{d}t=\int_0^{+\infty} f(t)\mathrm{e}^{-(\beta+j\omega)t}\,\mathrm{d}t\\&=\int_0^{+\infty} f(t)\mathrm{e}^{-\beta t}\cdot\mathrm{e}^{-j\omega t}\,\mathrm{d}t=\int_{-\infty}^{+\infty} f(t)u(t)\mathrm{e}^{-\beta t}\cdot\mathrm{e}^{-j\omega t}\,\mathrm{d}t\end{aligned}$$

$$=\mathscr{F}[f(t)u(t)e^{-\beta t}].$$

可见函数 $f(t)$ 的拉氏变换其实就是 $f(t)u(t)e^{-\beta t}$ 的傅氏变换，这其中经历了三个步骤：

第一步，通过单位阶跃函数 $u(t)$ 使得 $(-\infty,+\infty)$ 上的问题转移到半空间 $[0,+\infty)$ 上来；

第二步，对函数 $f(t)$ 在 $[0,+\infty)$ 的部分乘上一个衰减的指数函数 $e^{-\beta t}$ 来降低其"增长"速度，使得函数 $f(t)u(t)e^{-\beta t}$ 满足傅氏积分的条件；

第三步，对 $f(t)u(t)e^{-\beta t}$ 实施傅氏变换.

也即是说，拉氏变换其实可看作是傅氏变换的改造.

【例 8-1】 分别求函数 $f(t)=1$、单位阶跃函数 $u(t)$、符号函数 $\operatorname{sgn}t$ 的拉氏变换.

解 $\mathscr{L}[1]=\int_0^{+\infty}f(t)e^{-st}\,dt=\int_0^{+\infty}e^{-st}\,dt=-\frac{1}{s}e^{-st}\Big|_0^{+\infty}=\frac{1}{s}\quad(\operatorname{Re}s>0)$；

$$\mathscr{L}[u(t)]=\int_0^{+\infty}u(t)e^{-st}\,dt=\int_0^{+\infty}e^{-st}\,dt=-\frac{1}{s}e^{-st}\Big|_0^{+\infty}=\frac{1}{s}\quad(\operatorname{Re}s>0);$$

$$\mathscr{L}[\operatorname{sgn}t)]=\int_0^{+\infty}(\operatorname{sgn}t)e^{-st}\,dt=\int_0^{+\infty}e^{-st}\,dt=-\frac{1}{s}e^{-st}\Big|_0^{+\infty}=\frac{1}{s}\quad(\operatorname{Re}s>0).$$

通过这个例子可以看到，三个函数经过拉氏变换，得到了相同的像函数 $F(s)=\frac{1}{s}(\operatorname{Re}s>0)$.现在的问题是：像函数 $F(s)=\frac{1}{s}(\operatorname{Re}s>0)$ 的像原函数究竟是哪一个呢？

事实上，拉氏变换所应用的场合并不关心函数 $f(t)$ 在 $t<0$ 时的取值情况，而通过以上例题的计算也可以看到，其实不止这三个函数，所有在 $t>0$ 时恒为 1 的函数经拉氏变换得到的像函数均为 $F(s)=\frac{1}{s}(\operatorname{Re}s>0)$，因此原则上讲，这些函数都可以作为其像原函数.但为了后续的讨论和描述方面，这里约定：**拉氏变换中涉及的函数** $f(t)$ 都是指定义在 $[0,+\infty)$ 上的函数，对于 $t<0$ 的部分均理解为 $f(t)=0$，即总是将 $f(t)$ 理解为 $f(t)u(t)$.

例如，$f(t)=\sin t$ 应理解为 $f(t)=u(t)\sin t$.前文提到的像函数 $F(s)=\frac{1}{s}(\operatorname{Re}s>0)$ 的像原函数可写为 $\mathscr{L}^{-1}\left[\frac{1}{s}\right]=f(t)=1$，而这里的 $f(t)=1$ 应理解为 $f(t)=u(t)$.

【例 8-2】 分别求函数 e^{at}、e^{-at} 和 $e^{j\omega t}$ 的拉氏变换.(其中 a、ω 为实常数，且 $a>0$)

解 $\mathscr{L}[e^{at}]=\int_0^{+\infty}e^{at}\cdot e^{-st}\,dt=\int_0^{+\infty}e^{(a-s)t}\,dt=\frac{1}{a-s}e^{(a-s)t}\Big|_0^{+\infty}$

$$=\frac{1}{s-a}\quad(\mathrm{Re}s>a);$$

$$\mathscr{L}[\mathrm{e}^{-at}]=\int_0^{+\infty}\mathrm{e}^{-at}\cdot\mathrm{e}^{-st}\mathrm{d}t=\int_0^{+\infty}\mathrm{e}^{-(a+s)t}\mathrm{d}t=-\frac{1}{s-(-a)}\mathrm{e}^{-(s+a)t}\Big|_0^{+\infty}$$

$$=\frac{1}{s-(-a)}\quad(\mathrm{Re}s>-a);$$

$$\mathscr{L}[\mathrm{e}^{j\omega t}]=\int_0^{+\infty}\mathrm{e}^{j\omega t}\cdot\mathrm{e}^{-st}\mathrm{d}t=\int_0^{+\infty}\mathrm{e}^{(j\omega-s)t}\mathrm{d}t=\frac{1}{j\omega-s}\mathrm{e}^{(j\omega-s)t}\Big|_0^{+\infty}$$

$$=\frac{1}{s-j\omega}\quad(\mathrm{Re}s>0).$$

8.1.2 拉普拉斯变换存在定理

由上一节的例题可以看出，拉氏变换的使用条件比傅氏变换的要弱得多，扩大了傅氏变换的适用范围，那到底哪些类型的函数存在拉氏变换？若存在，收敛范围又是怎样的？下面的定理给出了答案.

定理 8-1(拉氏变换存在定理)

设函数 $f(t)$ 满足如下条件：

(1) 在$[0,+\infty)$上的任何有限区间上分段连续；

(2) 当 $t\to+\infty$ 时，$f(t)$ 的增长速度不超过某一指数函数，即存在常数 $M>0$ 和 $c\geqslant 0$，使得

$$|f(t)|\leqslant M\mathrm{e}^{ct}\quad t\in[0,+\infty)$$

(其中 c 称为 $f(t)$ 的**增长指数**).则 $f(t)$ 的拉氏变换 $F(s)$ 在半平面 $\mathrm{Re}s>c$ 上一定存在，且是解析的.

证明 设 $s=\beta+j\omega$，则 $|\mathrm{e}^{-st}|=\mathrm{e}^{-\beta t}$，由条件(2)可得

$$|F(s)=\left|\int_0^{+\infty}f(t)\mathrm{e}^{-st}\mathrm{d}t\right|\leqslant M\int_0^{+\infty}\mathrm{e}^{-(\beta-c)t}\mathrm{d}t.$$

又由 $\mathrm{Re}s=\beta>c$，即 $\beta-c>0$，可知上式右端积分收敛，从而 $F(s)$ 在半平面 $\mathrm{Re}s>c$ 上存在.至于 $F(s)$ 解析性的证明，因涉及一些更深的理论，此处略去.

定理 8-1 告诉我们：一个函数，即使它的绝对值随着自变量的增大而增大，但只要不比某个指数函数增长得快，则它的拉氏变换存在.

下文中，为表述简洁，除特殊情况外将不再逐一标注条件 $\mathrm{Re}s>c$，对具体问题，默认为在相应 $c\geqslant 0$ 使该条件满足.

常见的大部分函数都是满足定理 8-1 条件的，如常数函数、多项式、三角函数、指数函数以及幂函数等.而函数 e^{t^2} 却不满足定理 8-1 中的条件(2)，事实上无论取多大的 M 和 c，对于足够大的 t，总会出现 $\mathrm{e}^{t^2}>M\mathrm{e}^{ct}$，其拉氏变换不存在.但要注意的是，定理 8-1 的条件是充分的，并非必要的.

习题 8-1

1.求下列函数的拉氏变换.

(1)$f(t)=\begin{cases}3, & 0\leqslant t\leqslant 2\\ -1, & 2\leqslant t<4;\\ 0, & t\geqslant 4\end{cases}$ (2)$f(t)=\begin{cases}1, & 0\leqslant t<\dfrac{\pi}{2}\\ \cos t, & t\geqslant\dfrac{\pi}{2}\end{cases}$;

(3)$f(t)=\mathrm{e}^{-3t}$; (4)$f(t)=|t|$.

8.2 拉普拉斯变换的性质

8.2.1 拉普拉斯变换的基本性质

1.线性性质

设 α、β 为常数,且 $\mathscr{L}[f(t)]=F(s)$,$\mathscr{L}[g(t)]=G(s)$,则

$$\mathscr{L}[\alpha f(t)+\beta g(t)]=\alpha F(s)+\beta G(s),$$

$$\mathscr{L}^{-1}[\alpha F(s)+\beta G(s)]=\alpha f(t)+\beta g(t).$$

【例 8-3】 求函数 $f(t)=\cos t$ 的拉氏变换.

解 由 $\cos t=\dfrac{1}{2}(\mathrm{e}^{jt}+\mathrm{e}^{-jt})$ 和 $\mathscr{L}[\mathrm{e}^{jt}]=\dfrac{1}{s-j}$,利用拉氏变换的线性性质可得

$$\mathscr{L}[\cos t]=\frac{1}{2}\mathscr{L}[\mathrm{e}^{jt}]+\frac{1}{2}\mathscr{L}[\mathrm{e}^{-jt}]$$

$$=\frac{1}{2}\cdot\frac{1}{s-j}+\frac{1}{2}\cdot\frac{1}{s-(-j)}=\frac{s}{s^2+1}.$$

类似可得 $\mathscr{L}[\sin t]=\dfrac{1}{s^2+1}$,及 $\mathscr{L}[\cos\omega t]=\dfrac{s}{s^2+\omega^2}$ 和 $\mathscr{L}[\sin\omega t]=\dfrac{\omega}{s^2+\omega^2}$,读者可自行验证.

【例 8-4】 求函数 $F(s)=\dfrac{3s+3}{(s-1)(s+2)}$ 的拉氏逆变换.

解 由 $F(s)=2\cdot\dfrac{1}{s-1}+\dfrac{1}{s+2}$ 和 $\mathscr{L}[\mathrm{e}^{at}]=\dfrac{1}{s-a}$,利用拉氏逆变换的线性性质可得

$$\mathscr{L}^{-1}[F(s)]=2\mathscr{L}^{-1}\left[\frac{1}{s-1}\right]+\mathscr{L}^{-1}\left[\frac{1}{s+2}\right]=2\mathrm{e}^{t}+\mathrm{e}^{-2t}.$$

2.相似性质

设 $\mathscr{L}[f(t)]=F(s)$,则对任一常数 $a>0$,有

$$\mathscr{L}[f(at)]=\frac{1}{a}F\left(\frac{s}{a}\right).$$

证明 由拉氏变换的定义有

$$\mathscr{L}[f(at)]=\int_0^{+\infty}f(at)e^{-st}dt\xlongequal{u=at}\frac{1}{a}\int_0^{+\infty}f(u)e^{-\left(\frac{s}{a}\right)u}du$$

$$=\frac{1}{a}F\left(\frac{s}{a}\right).$$

【例 8-5】 求函数 $f(t)=\cos\omega t$ 的拉氏变换.

解 由 $\mathscr{L}[\cos t]=\dfrac{s}{s^2+1}$,利用拉氏变换的相似性质可得

$$\mathscr{L}[\cos\omega t]=\frac{1}{\omega}\cdot\frac{\frac{s}{\omega}}{\left(\frac{s}{\omega}\right)^2+1}=\frac{s}{s^2+\omega^2}.$$

3.微分性质

(1) 导数的像函数

设 $\mathscr{L}[f(t)]=F(s)$,则

$$\mathscr{L}[f'(t)]=sF(s)-f(0); \tag{8-2}$$

一般地,有

$$\mathscr{L}[f^{(n)}(t)]=s^nF(s)-s^{n-1}f(0)-s^{n-2}f'(0)-s^{n-3}f''(0)-\cdots-f^{(n-1)}(0), \tag{8-3}$$

其中

$$f^{(k)}(0)=\lim_{t\to0+}f^{(k)}(t),k=1,2,\cdots,n-1.$$

证明 式(8-2)由拉氏变换的定义和分部积分法可得,

$$\begin{aligned}\mathscr{L}[f'(t)]&=\int_0^{+\infty}f'(t)e^{-st}dt\\&=f(t)e^{-st}\Big|_0^{+\infty}+s\int_0^{+\infty}f(t)e^{-st}dt\\&=sF(s)-f(0).\end{aligned}$$

再利用数学归纳法可得式(8-3).

【例 8-6】 求函数 $f(t)=\sin\omega t$ 的拉氏变换.

解 由 $(\cos\omega t)'=-\omega\sin\omega t$ 和 $\mathscr{L}[\cos\omega t]=\dfrac{s}{s^2+\omega^2}$,利用线性性质及式(8-2)得

$$\mathscr{L}[\sin\omega t]=-\frac{1}{\omega}\mathscr{L}[(\cos\omega t)']$$

$$= -\frac{1}{\omega}(s\mathscr{L}[\cos\omega t] - \cos 0)$$

$$= -\frac{1}{\omega}\left(s \cdot \frac{s}{s^2+\omega^2} - 1\right)$$

$$= \frac{\omega}{s^2+\omega^2}.$$

拉氏变换的这一性质还可用来求解微分方程的初值问题.

【例 8-7】 求解微分方程 $y''(t)+\omega^2 y(t)=0, y(0)=0, y'(0)=\omega$.

解 设 $Y(s)=\mathscr{L}[y(t)]$,对方程两边同取拉氏变换,并利用线性性质及式(8-3) 可得

$$s^2Y(s)-sy(0)-y'(0)+\omega^2Y(s)=0,$$

代入初值得

$$s^2Y(s)-\omega+\omega^2Y(s)=0,$$

解得

$$Y(s)=\frac{\omega}{s^2+\omega^2}=\mathscr{L}[y(t)],$$

从而有 $y(t)=\mathscr{L}^{-1}[Y(s)]=\sin\omega t$.

(2) 像函数的导数

设 $\mathscr{L}[f(t)]=F(s)$,则

$$F'(s)=-\mathscr{L}[tf(t)] \text{ 或 } f(t)=-\frac{1}{t}\mathscr{L}^{-1}[F'(s)]; \tag{8-4}$$

一般地,有

$$F^{(n)}(s)=(-1)^n\mathscr{L}[t^nf(t)] \text{ 或 } f(t)=\frac{(-1)^n}{t^n}\mathscr{L}^{-1}[F^{(n)}(s)]. \tag{8-5}$$

证明 式(8-4) 由拉氏变换的定义可得,

$$F'(s)=\frac{d}{ds}\int_0^{+\infty}f(t)e^{-st}dt=\int_0^{+\infty}\frac{\partial}{\partial s}[f(t)e^{-st}]dt$$

$$=-\int_0^{+\infty}tf(t)e^{-st}dt=-\mathscr{L}[tf(t)].$$

反复进行上述运算可得式(8-5).

【例 8-8】 求函数 $f(t)=t\sin t$ 的拉氏变换.

解 由例 8-3 知 $\mathscr{L}[\sin t]=\dfrac{1}{s^2+1}$,则由式(8-4) 可得

$$\mathscr{L}[t\sin t]=-\frac{d}{ds}\mathscr{L}[\sin t]=-\frac{d}{ds}\left(\frac{1}{s^2+1}\right)=\frac{2s}{(s^2+1)^2}.$$

【例 8-9】 求函数 $f(t)=t^2e^t$ 的拉氏变换.

解 已知 $\mathscr{L}[e^t]=\dfrac{1}{s-1}$,由式(8-5) 可得

$$\mathscr{L}[t^2 e^t]=(-1)^2\frac{d^2}{ds^2}\mathscr{L}[e^t]=\frac{d^2}{ds^2}\left(\frac{1}{s-1}\right)$$

$$=-\frac{d}{ds}\left(\frac{1}{(s-1)^2}\right)=\frac{2}{(s-1)^3}.$$

4.积分性质

(1) 积分的像函数

设 $\mathscr{L}[f(t)]=F(s)$，则

$$\mathscr{L}\left[\int_0^t f(t)dt\right]=\frac{1}{s}F(s); \tag{8-6}$$

一般地，有

$$\mathscr{L}\left[\underbrace{\int_0^t dt\int_0^t dt\cdots\int_0^t}_{n次} f(t)dt\right]=\frac{1}{s^n}F(s); \tag{8-7}$$

证明 设 $g(t)=\int_0^t f(t)dt$，则 $g'(t)=f(t)$，$g(0)=0$.由式(8-2)有

$$\mathscr{L}[g'(t)]=s\mathscr{L}[g(t)]-g(0)=s\mathscr{L}[g(t)],$$

即

$$\mathscr{L}\left[\int_0^t f(t)dt\right]=\mathscr{L}[g(t)]=\frac{1}{s}\mathscr{L}[g'(t)]$$

$$=\frac{1}{s}\mathscr{L}[f(t)]=\frac{1}{s}F(s),$$

式(8-6)得证.反复利用上面方法可得式(8-7).

(2) 像函数的积分

设 $\mathscr{L}[f(t)]=F(s)$，则

$$\int_s^\infty F(s)ds=\mathscr{L}\left[\frac{f(t)}{t}\right]; \tag{8-8}$$

一般地，有

$$\underbrace{\int_s^\infty ds\int_s^\infty ds\cdots\int_s^\infty}_{n次} F(s)ds=\mathscr{L}\left[\frac{f(t)}{t^n}\right]; \tag{8-9}$$

证明

$$\int_s^\infty F(s)ds=\int_s^\infty\left[\int_0^{+\infty} f(t)e^{-st}dt\right]ds$$

$$=\int_0^{+\infty} f(t)\left[\int_s^\infty e^{-st}ds\right]dt$$

$$=\int_0^{+\infty} f(t)\cdot\frac{e^{-st}}{t}dt$$

$$=\mathscr{L}\left[\frac{f(t)}{t}\right]$$

反复利用上式可得式(8-9).

【例 8-10】 求函数 $f(t)=\dfrac{\sin t}{t}$ 的拉氏变换.

解 已知 $\mathscr{L}[\sin t]=\dfrac{1}{1+s^2}$,由式(8-8)可得

$$\mathscr{L}\left[\frac{\sin t}{t}\right]=\int_s^{+\infty}\frac{1}{1+s^2}\mathrm{d}s=\operatorname{arccot}s.$$

5.位移性质

设 $\mathscr{L}[f(t)]=F(s)$,则

$$\mathscr{L}[\mathrm{e}^{at}f(t)]=F(s-a)\quad (a\text{ 为一复常数}).\tag{8-10}$$

证明 由拉氏变换的定义,有

$$\begin{aligned}\mathscr{L}[\mathrm{e}^{at}f(t)]&=\int_0^{+\infty}\mathrm{e}^{at}f(t)\mathrm{e}^{-st}\mathrm{d}t\\&=\int_0^{+\infty}\mathrm{e}^{-(s-a)t}f(t)\mathrm{d}t=F(s-a).\end{aligned}$$

6.延迟性质

设 $\mathscr{L}[f(t)]=F(s)$,当 $t<0$ 时 $f(t)=0$,则对任一非负实数 τ 有

$$\mathscr{L}[f(t-\tau)]=\mathrm{e}^{-s\tau}F(s).\tag{8-11}$$

证明 由拉氏变换的定义,有

$$\begin{aligned}\mathscr{L}[f(t-\tau)]&=\int_0^{+\infty}f(t-\tau)\mathrm{e}^{-st}\mathrm{d}t\\&=\int_\tau^{+\infty}f(t-\tau)\mathrm{e}^{-st}\mathrm{d}t\\&\xlongequal{u=t-\tau}\int_0^{+\infty}f(u)\mathrm{e}^{-s(u+\tau)}\mathrm{d}u\\&=\mathrm{e}^{-s\tau}\int_0^{+\infty}f(u)\mathrm{e}^{-su}\mathrm{d}u=\mathrm{e}^{-s\tau}F(s).\end{aligned}$$

注意 在延迟性质中对 $f(t)$ 的要求是:当 $t<0$ 时 $f(t)=0$,故当 $t<\tau$ 时 $f(t-\tau)=0$.因此在本性质中的 $f(t-\tau)$ 应该理解为 $f(t-\tau)u(t-\tau)$,而式(8-11)的完整写法应为

$$\mathscr{L}[f(t-\tau)u(t-\tau)]=\mathrm{e}^{-s\tau}F(s),$$

相应地有

$$\mathscr{L}^{-1}[\mathrm{e}^{-s\tau}F(s)]=f(t-\tau)u(t-\tau).\tag{8-12}$$

【例 8-11】 求函数 $u(t-\tau)=\begin{cases}0, & t<\tau\\ 1, & t>\tau\end{cases}$ 的拉氏变换($\tau\geqslant 0$).

解 已知 $\mathscr{L}[u(t)]=\dfrac{1}{s}$,由式(8-11)有

$$\mathscr{L}[u(t-\tau)]=e^{-\tau s}\mathscr{L}[u(t)]=e^{-s\tau}\cdot\frac{1}{s}.$$

【例 8-12】 求 $\mathscr{L}^{-1}\left[\frac{1}{s-1}e^{-s}\right]$.

解 已知 $\mathscr{L}^{-1}\left[\frac{1}{s-1}\right]=e^{t}u(t)$,由式(8-12)有

$$\mathscr{L}^{-1}\left[\frac{1}{s-1}e^{-s}\right]=e^{t-1}u(t-1)=\begin{cases}e^{t-1}, & t>1\\ 0, & t<1\end{cases}.$$

【例 8-13】 设函数 $f(t)=\sin t$,求 $\mathscr{L}\left[f\left(t-\frac{\pi}{2}\right)\right]$.

解 已知 $\mathscr{L}[\sin t]=\frac{1}{s^2+1}$,由式(8-11)有

$$\mathscr{L}\left[\sin\left(t-\frac{\pi}{2}\right)\right]=e^{-\frac{\pi}{2}s}\mathscr{L}[\sin t]=e^{-\frac{\pi}{2}s}\cdot\frac{1}{s^2+1}.$$

【例 8-14】 设 $F(s)=\frac{e^{-\frac{\pi}{2}s}}{s^2+1}$,求 $\mathscr{L}^{-1}[F(s)]$.

解 由式(8-12)有

$$\mathscr{L}^{-1}\left[e^{-\frac{\pi}{2}s}\cdot\frac{1}{s^2+1}\right]=\sin\left(t-\frac{\pi}{2}\right)u\left(t-\frac{\pi}{2}\right)=\begin{cases}\sin\left(t-\frac{\pi}{2}\right), & t>\frac{\pi}{2}\\ 0, & t<\frac{\pi}{2}\end{cases}$$

$$=\begin{cases}-\cos t, & t>\frac{\pi}{2}\\ 0, & t<\frac{\pi}{2}\end{cases}.$$

注意到 $\sin\left(t-\frac{\pi}{2}\right)=-\cos t$,而 $\mathscr{L}[-\cos t]=-\frac{s}{s^2+1}$,与例 8-13 的结果不一样,结合例 8-14 读者可分析一下其中原因.

8.2.2 拉普拉斯变换性质的综合应用

1.综合应用多个拉氏变换性质求未知函数的拉氏变换

上节介绍的一些拉氏变换性质有时还可以综合在一起应用,看下面这个例题.

【例 8-15】 设 $f(t)=t\int_0^t e^{-3t}\sin(2t)\mathrm{d}t$,求 $\mathscr{L}[f(t)]$.

解 已知 $\mathscr{L}[\sin(2t)]=\frac{2}{s^2+4}$,由位移性质有

$$\mathscr{L}[e^{-3t}\sin(2t)]=\frac{2}{(s+3)^2+4},$$

由积分的像函数性质式(8-6),可得

$$\mathscr{L}\left[\int_0^t e^{-3t}\sin(2t)\mathrm{d}t\right]=\frac{1}{s}\cdot\frac{2}{(s+3)^2+4},$$

再利用像函数的导数性质式(8-4),可得

$$\begin{aligned}\mathscr{L}\left[t\int_0^t e^{-3t}\sin(2t)\mathrm{d}t\right]&=-\frac{\mathrm{d}}{\mathrm{d}s}\left[\frac{1}{s}\cdot\frac{2}{(s+3)^2+4}\right]\\&=\frac{2(3s^2+12s+13)}{s^2[(s+3)^2+4]^2}.\end{aligned}$$

2.利用拉氏变换及其性质求反常积分

在拉氏变换及其某些性质中,对 s 选取某些特定值,可巧妙地求得某些反常积分的值.

【例 8-16】 计算积分$\int_0^{+\infty}e^{-3t}\cos(2t)\mathrm{d}t$.

解 已知 $\mathscr{L}[\cos(2t)]=\frac{s}{4+s^2}$,根据拉氏变换的定义有

$$\mathscr{L}[\cos(2t)]=\frac{s}{4+s^2}=\int_0^{+\infty}e^{-st}\cdot\cos(2t)\mathrm{d}t,$$

取 $s=3$,可得

$$\int_0^{+\infty}e^{-3t}\cos(2t)\mathrm{d}t=\left.\frac{s}{4+s^2}\right|_{s=3}=\frac{3}{13}.$$

【例 8-17】 计算积分$\int_0^{+\infty}\frac{\sin t}{t}\mathrm{d}t$.

解 由例 8-10 的结果知 $\mathscr{L}\left[\frac{\sin t}{t}\right]=\mathrm{arccot}s$,根据拉氏变换的定义有

$$\mathscr{L}\left[\frac{\sin t}{t}\right]=\mathrm{arccot}s=\int_0^{+\infty}e^{-st}\cdot\frac{\sin t}{t}\mathrm{d}t,$$

取 $s=0$,可得

$$\int_0^{+\infty}\frac{\sin t}{t}\mathrm{d}t=\mathrm{arccot}0=\frac{\pi}{2}.$$

【例 8-18】 计算积分$\int_0^{+\infty}\frac{1-\cos t}{t}e^{-t}\mathrm{d}t$.

解 由拉氏变换的线性性质有 $\mathscr{L}[1-\cos t]=\frac{1}{s}-\frac{s}{1+s^2}$,再由像函数的积分性质式(8-8) 可得

$$\mathscr{L}\left[\frac{1-\cos t}{t}\right]=\int_s^{+\infty}\left(\frac{1}{s}-\frac{s}{1+s^2}\right)\mathrm{d}s=\left[\ln|s|-\frac{1}{2}\ln(1+s^2)\right]\Big|_s^{+\infty}$$

$$=\frac{1}{2}\ln\frac{s^2}{1+s^2}\Big|_s^{+\infty}=\frac{1}{2}\ln\frac{1+s^2}{s^2}.$$

根据拉氏变换的定义有

$$\mathscr{L}\left[\frac{1-\cos t}{t}\right]=\int_0^{+\infty}\mathrm{e}^{-st}\cdot\frac{1-\cos t}{t}\mathrm{d}t=\frac{1}{2}\ln\frac{1+s^2}{s^2},$$

取 $s=1$,可得

$$\int_0^{+\infty}\mathrm{e}^{-t}\cdot\frac{1-\cos t}{t}\mathrm{d}t=\left[\frac{1}{2}\ln\frac{1+s^2}{s^2}\right]_{s=1}=\frac{\ln 2}{2}.$$

在式(8-1)、式(8-4)和式(8-8)中,取积分下限 $s=0$,可得到以下公式

$$\int_0^{+\infty}f(t)\mathrm{d}t=F(0),$$

$$\int_0^{+\infty}tf(t)\mathrm{d}t=-F'(0),$$

$$\int_0^{+\infty}\frac{f(t)}{t}\mathrm{d}t=\int_0^{+\infty}F(s)\mathrm{d}s.$$

但要注意的是,这些公式的使用应谨慎,有时需先考察其反常积分的存在性.

8.2.3 卷积与卷积定理

1.卷积

根据第7章中卷积的定义,两个函数的卷积是指

$$f_1(t)*f_2(t)=\int_{-\infty}^{+\infty}f_1(\tau)f_2(t-\tau)\mathrm{d}\tau.$$

若 $f_1(t)$ 和 $f_2(t)$ 满足:当 $t<0$ 时,$f_1(t)=f_2(t)=0$,则上式也可另定义为

$$f_1(t)*f_2(t)=\int_0^t f_1(\tau)f_2(t-\tau)\mathrm{d}\tau\quad(t\geqslant 0).\qquad(8\text{-}13)$$

注意 式(8-13)定义下的卷积和第7章中的卷积定义是一致的,仍满足交换律、结合律、分配律等性质.本章中如无特别声明,对参与卷积运算的函数,都假设它们在 $t<0$ 时恒为零,其卷积均按照式(8-13)计算.

【例8-19】 设 $f_1(t)=t,f_2(t)=\sin t$,求 $f_1(t)*f_2(t)$.

解

$$\begin{aligned}f_1(t)*f_2(t)&=\int_0^t f_1(\tau)f_2(t-\tau)\mathrm{d}\tau\\&=\int_0^t\tau\sin(t-\tau)\mathrm{d}\tau\\&=\tau\cos(t-\tau)\Big|_0^t-\int_0^t\cos(t-\tau)\mathrm{d}\tau\\&=t-\sin t.\end{aligned}$$

2.卷积定理

设 $\mathscr{L}[f_1(t)]=F_1(s)$，$\mathscr{L}[f_2(t)]=F_2(s)$，则有

$$\mathscr{L}[f_1(t)*f_2(t)]=F_1(s)\cdot F_2(s).$$

卷积定理还可推广到多个函数的情形，即

$$\mathscr{L}[f_1(t)*f_2(t)*\cdots*f_n(t)]$$
$$=\mathscr{L}[f_1(t)]\cdot\mathscr{L}[f_2(t)]\cdot\cdots\cdot\mathscr{L}[f_n(t)].$$

利用卷积定理我们可以求一些函数的拉氏逆变换.

【例 8-20】 已知 $F(s)=\dfrac{1}{s^2(1+s^2)}$，求 $\mathscr{L}^{-1}[F(s)]$.

解 已知 $\mathscr{L}^{-1}\left[\dfrac{1}{1+s^2}\right]=\sin t$，$\mathscr{L}^{-1}\left[\dfrac{1}{s^2}\right]=t$，则由卷积定理及例 8-19 的结果，可得

$$\mathscr{L}^{-1}[F(s)]=\mathscr{L}^{-1}\left[\frac{1}{s^2}\cdot\frac{1}{1+s^2}\right]=\mathscr{L}^{-1}\left[\frac{1}{s^2}\right]*\mathscr{L}^{-1}\left[\frac{1}{1+s^2}\right]=t*\sin t=t-\sin t.$$

【例 8-21】 已知 $F(s)=\dfrac{s^2}{(1+s^2)^2}$，求 $\mathscr{L}^{-1}[F(s)]$.

解 已知 $\mathscr{L}^{-1}\left[\dfrac{s}{1+s^2}\right]=\cos t$，则由卷积定理可得

$$\begin{aligned}\mathscr{L}^{-1}[F(s)]&=\mathscr{L}^{-1}\left[\frac{s}{1+s^2}\cdot\frac{s}{1+s^2}\right]\\&=\cos t*\cos t\\&=\int_0^t\cos\tau\cos(t-\tau)\mathrm{d}\tau\\&=\frac{1}{2}\int_0^t[\cos t+\cos(2\tau-t)]\mathrm{d}\tau\\&=\frac{1}{2}(t\cos t+\sin t).\end{aligned}$$

习题 8-2

1.利用拉氏变换性质求下列函数的拉氏变换.

(1) t^2-2t+3；　(2) $4\cos 2t-3\sin 5t$；

(3) $\sin^2 t$；　(4) $\sin t\cos t$；

(5) $1-te^{-t}$；　(6) $t\sin 3t$；

(7) $e^{-2t}\sin 3t$；　(8) $te^{-2t}\sin 3t$；

(9)$t\int_0^t e^{-2t}\sin 3t\,dt$；　(9)$\int_0^t \frac{e^{-2t}\sin 3t}{t}dt$.

2.利用拉氏变换性质求下列函数的拉氏逆变换.

(1)$F(s)=\frac{s}{s^2-s-2}$；　(2)$F(s)=\ln\frac{s+1}{s-1}$.

3.计算下列积分的值.

(1)$\int_0^{+\infty} te^{-2t}dt$；　(2)$\int_0^{+\infty}\frac{e^{-t}-e^{-2t}}{t}dt$.

4.求下列函数在$[0,+\infty)$上的卷积.

(1)$1*1$；　(2)$t*e^t$；　(3)$\sin t*\cos t$.

8.3 拉普拉斯逆变换

从上一节的讨论可以看到,适当利用拉氏变换的性质或卷积等,能够根据一些已知的变换(可查表得到)来求得某些未知的变换,在很多情况下这是简单而有效的方法,但这些方法使用范围有限.本节介绍一种更一般性的方法——直接用像函数表示像原函数(反演积分),再利用留数求出像原函数.

8.3.1 反演积分公式

在本章8.1节中我们曾提到,函数$f(t)$的拉氏变换$F(s)=F(\beta+j\omega)$其实就是$f(t)u(t)e^{-\beta t}$的傅氏变换,即

$$F(\beta+j\omega)=\int_{-\infty}^{+\infty}f(t)u(t)e^{-\beta t}\cdot e^{-j\omega t}dt.$$

故当$f(t)u(t)e^{-\beta t}$满足傅氏积分定理条件时,由傅氏逆变换公式,在$f(t)$的连续点t处有

$$f(t)u(t)e^{-\beta t}=\frac{1}{2\pi}\int_{-\infty}^{+\infty}F(\beta+j\omega)\cdot e^{j\omega t}d\omega.$$

令$s=\beta+j\omega$,则有

$$f(t)u(t)=\frac{1}{2\pi}\int_{-\infty}^{+\infty}F(\beta+j\omega)\cdot e^{(\beta+j\omega)t}d\omega$$

$$=\frac{1}{2\pi j}\int_{\beta-j\infty}^{\beta+j\infty}F(s)\cdot e^{st}ds$$

从而

$$f(t)=\frac{1}{2\pi j}\int_{\beta-j\infty}^{\beta+j\infty}F(s)\cdot e^{st}ds\quad(t>0),\tag{8-14}$$

式(8-14)就是由像函数 $F(s)$ 求像原函数 $f(t)$ 的一般公式，称之为**反演积分公式**，公式右端的积分称为**反演积分**，其积分路径是 s 平面上与虚轴平行的一条直线 $\text{Re}s=\beta$，该直线处于 $F(s)$ 的存在域中，而 $F(s)$ 在其存在域中解析，故该直线右边不含 $F(s)$ 的奇点.

8.3.2 利用留数计算反演积分

定理 8-2 设 $F(s)$ 仅在半平面 $\text{Re}s\leqslant c$（c 为某实数）内有有限个孤立奇点 $s_1,s_2,\cdots,s_n$，且当 $s\to\infty$ 时，$F(s)\to 0$，则有

$$\frac{1}{2\pi j}\int_{\beta-j\infty}^{\beta+j\infty}F(s)e^{st}ds=\sum_{k=1}^{n}\text{Res}[F(s)e^{st},s_k],$$

即

$$f(t)=\sum_{k=1}^{n}\text{Res}[F(s)e^{st},s_k]\quad(t>0).$$

通过上述定理可以看到，利用留数也可以计算某些函数 $F(s)$ 的拉氏逆变换，但需要注意的是：在应用上述定理时，不要忽视条件 $F(s)\to 0(s\to\infty)$，只有完全满足定理对 $F(s)$ 的要求，才能用此种方法求 $F(s)$ 的拉氏逆变换.

【例 8-22】 已知 $F(s)=\dfrac{1}{(s-3)(s-2)^2}$，求 $\mathscr{L}^{-1}[F(s)]$.

解 由于 $s_1=3$ 和 $s_2=2$ 分别为函数的 $F(s)e^{st}$ 一阶极点和二阶极点，则 $F(s)e^{st}$ 在点 s_1 和 s_2 处的留数分别为

$$\text{Res}[F(s)e^{st},3]=\lim_{s\to 3}(s-3)\frac{e^{st}}{(s-3)(s-2)^2}=e^{3t},$$

$$\begin{aligned}\text{Res}[F(s)e^{st},2]&=\lim_{s\to 2}\frac{d}{ds}\left[(s-2)^2\frac{e^{st}}{(s-3)(s-2)^2}\right]\\&=\lim_{s\to 2}\frac{te^{st}(s-3)-e^{st}}{(s-3)^2}=-te^{2t}-e^{2t},\end{aligned}$$

$F(s)$ 满足定理 8-2 的条件，故可得

$$\begin{aligned}\mathscr{L}^{-1}[F(s)]&=\text{Res}[F(s)e^{st},3]+\text{Res}[F(s)e^{st},2]\\&=e^{3t}-te^{2t}-e^{2t}.\end{aligned}$$

在 8.2 节拉氏变换的性质介绍中，关于导数的像函数性质，曾提到其可用于求解微分方程，比如例 8-7，注意到在例 8-7 中用到了拉氏逆变换，但受限于当时所学知识，我们只能求解较为简单的微分方程.本节学习了利用留数计算拉氏逆

变换的方法,利用此法可求解更复杂一些的微分方程.

【例8-23】 求解微分方程 $y''(t)+2y'(t)-3y(t)=e^{-t}, y(0)=0, y'(0)=1.$

解 设 $Y(s)=\mathscr{L}[y(t)]$,对方程两边同取拉氏变换,并利用线性性质及式(8-3)可得

$$s^2Y(s)-sy(0)-y'(0)+2[sY(s)-y(0)]-3Y(s)=\frac{1}{s+1},$$

代入初值得

$$s^2Y(s)-1+2sY(s)-3Y(s)=\frac{1}{s+1}$$

解得

$$Y(s)=\frac{s+2}{(s+1)(s-1)(s+3)}=\mathscr{L}[y(t)],$$

因为 $Y(s)$ 有三个一阶极点 $s_1=-1, s_2=1, s_3=-3$,故

$$\mathrm{Res}[Y(s)e^{st},-1]=\lim_{s\to-1}(s+1)\frac{(s+2)e^{st}}{(s+1)(s-1)(s+3)}=-\frac{1}{4}e^{-t},$$

$$\mathrm{Res}[Y(s)e^{st},1]=\lim_{s\to1}(s-1)\frac{(s+2)e^{st}}{(s+1)(s-1)(s+3)}=\frac{3}{8}e^{t},$$

$$\mathrm{Res}[Y(s)e^{st},-3]=\lim_{s\to-3}(s+3)\frac{(s+2)e^{st}}{(s+1)(s-1)(s+3)}=-\frac{1}{8}e^{-3t},$$

从而有

$$y(t)=\mathscr{L}^{-1}[Y(s)]=-\frac{1}{4}e^{-t}+\frac{3}{8}e^{t}-\frac{1}{8}e^{-3t}.$$

习题 8-3

1.利用留数计算下列像函数的拉氏逆变换:

(1) $F(s)=\frac{2s+1}{s(s+1)(s+2)}$;　　(2) $F(s)=\frac{1}{s(s-2)^2}$.

2.解下列微分方程.

(1) $y''+4y'+3y=e^{-t}, y(0)=y'(0)=1$;

(2) $y'''-3y''+3y'-y=-1, y''(0)=y'(0)=1, y(0)=2$;

(3) $y''+3y'+y=3\cos t, y(0)=0, y'(0)=1$.

参考文献

[1] 焦红伟,尹景本.复变函数与积分变换[M].北京:北京大学出版社.2007.9

[2] 李红,谢松法.复变函数与积分变换[M].北京:高等教育出版社.2018.10

[3] 余家荣.复变函数[M].北京:高等教育出版社.2014.5

[4] 王忠仁,高彦伟.复变函数与积分变换[M].北京:高等教育出版社.2010.1

[5] 陆庆乐,王绵森.复变函数[M].北京:高等教育出版社.1996.5

[6] 苏变萍,陈东立.复变函数与积分变换[M].北京:高等教育出版社.2010.14

[7] 纪友清,曹阳,侯秉喆,张敏.复变函数[M].北京:科学出版社.2018.10

[8] 冯复科.复变函数与积分变换[M].北京:科学出版社有限责任公司.2018.6

[9] 钟玉泉.复变函数论[M].北京:高等教育出版社.2013.8

[10] 高宗升,滕岩梅.复变函数与积分变换[M].北京:北京航空航天大学出版社.2006.4

[11] James Ward Brown,Ruel V Chu 著,张继龙 李升 陈宝琴 译.复变函数及其应用.北京:机械工业出版社.2015.12